四季花城

岭南冬季花木

朱根发　徐晔春　操君喜　编著

U0238891

中国农业出版社

目　录

乔木／1

�)果／1　　　　　火烧花／2　　　　　美丽异木棉／3
叉孢苏铁／4　　　浙江润楠／5　　　红花羊蹄甲／6
深山含笑／7　　　玉兰／8　　　　　二乔木兰／9
高红槿／10　　　　乌墨／11　　　　　白金汉／12
梅／13　　　　　　钟花樱桃／14　　　红皮糙果茶／15
山茶／16　　　　　油茶／17　　　　　茶梅／18
广宁红花油茶／19

灌木／20

假杜鹃／20　　　　朱蕉／21　　　　　狗尾红／22
一品红／23　　　　龙脷叶／24　　　　瑞木／25
羽叶熏衣草／26　　迷迭香／27　　　　柳叶润楠／28
珍珠相思／29　　　火红萼距花／30　　星花木兰／31
棱果花／32　　　　宝莲花／33　　　　角茎野牡丹／34
铜盆花／35　　　　金珠柳／36　　　　松红梅／37
云南素馨／38　　　蓝花丹／39　　　　深红树萝卜／40
吊钟花／41　　　　西洋杜鹃／42　　　石楠杜鹃／43
厚叶石斑木／44　　非洲芙蓉／45　　　金花茶／46
米碎花／47　　　　烟火树／48　　　　冬红／49

藤蔓与攀缘植物／50

黄花老鸦嘴／50　　烟斗马兜铃／51　　炮仗花／52
绿玉藤／53　　　　金钩吻／54　　　　白花酸藤子／55

叶子花 / 56 蛇王藤 / 57 艳赪桐 / 58

蔓马缨丹 / 59

草本花卉／60

金苞花 / 60 板蓝 / 61 金边虎尾兰 / 62

大叶红草 / 63 君子兰 / 64 垂筒花 / 65

南美水仙 / 66 洋水仙 / 67 水仙 / 68

红掌 / 69 金钱树 / 70 马蹄莲 / 71

彩色马蹄莲 / 72 丽格秋海棠 / 73 喜炮凤梨 / 74

擎天凤梨 / 75 红花草凤梨 / 76 仙人指 / 77

蟹爪兰 / 78 蔓枝满天星 / 79 矢车菊 / 80

黄晶菊／81 大丽花 / 82 非洲菊 / 83

达科他州金色堆心菊／84 白晶菊 / 85 非洲万寿菊 / 86

瓜叶菊 / 87 长寿花 / 88 天竺葵 / 89

小岩桐 / 90 金鱼花 / 91 香雪兰 / 92

风信子 / 93 杂交百合 / 94 宫灯百合 / 95

紫背天鹅绒竹芋 / 96 波浪竹芋 / 97 鹤望兰 / 98

春兰 / 99 大花蕙兰 / 100 垂花蕙兰 / 101

杂交兰 / 102 墨兰 / 103 莲瓣兰 / 104

春剑 / 105 香港毛兰 / 106 杏黄兜兰 / 107

摩帝兜兰 / 108 肉饼兜兰 / 109 麻栗坡兜兰 / 110

紫毛兜兰 / 111 彩云兜兰 / 112 蝴蝶兰 / 113

海南钻喙兰 / 114 纯色万代兰 / 115 仙客来 / 116

欧洲报春 / 117 蒲包花 / 118 香堇菜 / 119

黑仔树 / 120

水生花卉／121

大花水蓑衣 / 121 圆叶节节菜 / 122

参考文献／123

四季花木总索引／124

中文名索引 / 124 拉丁名索引 / 140

杧果

Mangifera indica
芒果、蜜望子
漆树科杧果属

【识别要点】常绿大乔木，高10～20m。叶薄革质，常集生枝顶，叶形和大小变化较大，通常为长圆形或长圆状披针形，先端渐尖、长渐尖或急尖，基部楔形或近圆形，边缘皱波状，无毛，叶面略具光泽。圆锥花序，多花密集，分枝开展，花小，杂性，黄色或淡黄色，花瓣长圆形或长圆状披针形，开花时外卷。核果大，成熟时黄色，中果皮肉质，肥厚，鲜黄色，味甜，果核坚硬。

【花果期】花期冬春；果期夏季。

【产地】云南、广东、广西、福建及台湾。生于海拔200～1 350m的山坡、沟谷或旷野的林中。东南亚也有。

【繁殖】播种、嫁接。

【应用】果大，悬垂于枝间，观赏性极佳，园林中常用于园路边、建筑物旁栽培观赏，也可作行道树。其果实为世界著名水果，成熟后可直接食用，也可制作罐头或果酱等。

火烧花

Mayodendron igneum
缅木
紫葳科火烧花属

【识别要点】常绿乔木，高可达15m。树皮光滑，嫩枝具长椭圆形白色皮孔。大型奇数2回羽状复叶，小叶卵形至卵状披针形，长8～12cm，宽2.5～4cm，顶端长渐尖，基部阔楔形，偏斜，全缘。花序有花5～13朵，组成短总状花序，着生于老茎或侧枝上；花萼佛焰苞状，花冠橙黄色至金黄色，筒状，基部微收缩。蒴果长线形，下垂。

【花果期】花期冬末到初夏；果期5～9月。

【产地】台湾、广东、广西、云南南部。常生于海拔150～1900m的干热河谷、低山丛林。越南、老挝、缅甸、印度也有。

【繁殖】播种或扦插。

【应用】开花繁盛，花美丽，着生于老茎上，果似面条悬垂于枝干间，观赏性强，适合作庭园树及行道树等，可于道路两边列植或植于庭园的园路边、草地边或墙隅等处；花可作蔬菜。西双版纳傣族将火烧花作为野生蔬菜食用，将花水煮后用油、佐料小炒。

美丽异木棉

Ceiba speciosa
美人树
木棉科美人树属

【识别要点】落叶大乔木，株高
10～15m。树干下部膨大。掌状复
叶有小叶5～9片，小叶椭圆形。花
单生，花冠淡紫红色，中心白色。
蒴果椭圆形。

【花果期】花期冬季；种子翌年春季成熟。
【产地】巴西及阿根廷。
【繁殖】播种。

【应用】开花繁密，花期
长，极为美丽，为优良的观
花树种，可用作广场、草地
中、庭园一隅或风景区等孤
植或三五株丛植，也可列植
用作行道树。

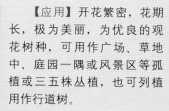

叉孢苏铁

Cycas segmentifida
山菠萝
苏铁科苏铁属

【识别要点】棕榈状小乔木，株高70cm以上。叶长圆形，扁平，革质，基部下延，边缘平或稍波状，先端渐狭。雄球花黄色，小孢子叶楔形，不育叶卵形、宽卵形或心形。种子淡黄色，球状或宽倒卵形。

【花果期】花期冬春；种子成熟期11～12月。

【产地】广西、贵州及云南东南部。

【繁殖】播种、扦插。

【应用】易栽培，观赏性较佳，除盆栽外，园林中适合山石边、庭院一隅及园路边栽培观赏。

浙江润楠

Machilus chekiangensis
长序润楠
樟科润楠属

【识别要点】乔木。枝褐色，散布纵裂的唇形皮孔。叶常聚生小枝枝梢，倒披针形，先端尾状渐尖，尖头常呈镰状，基部渐狭，革质或薄革质。圆锥花序，花两性，细小，黄绿色，雄蕊基部有腺体。果序生当年生枝基部，纤细；嫩果球形，绿色，干时带黑色。

【花果期】花期冬末春初；果期4～5月。
【产地】浙江、福建、江西、广东及香港等地。
【繁殖】扦插、播种。

【应用】株形美观，花小，有一定的观赏性，适合公园、绿地绿化作风景树，也可用于城市道路作行道树。

红花羊蹄甲

Bauhinia blakeana
红花紫荆、紫荆花
豆科羊蹄甲属

【识别要点】乔木。分枝多，小枝细长，被毛。叶革质，近圆形或阔心形，基部心形，有时近截平，先端2裂为叶全长的1/4～1/3，裂片顶钝或狭圆，上面无毛，下面疏被短柔毛。总状花序顶生或腋生，有时复合成圆锥花序，被短柔毛；花大，美丽；花蕾纺锤形；花萼佛焰状，有淡红色和绿色线条；花瓣红紫色，具短柄，倒披针形，近轴的一片中间至基部呈深紫红色。通常不结果。

【花果期】全年均可开花，主要花期为12月至翌年3月。
【产地】杂交种。
【繁殖】扦插、高空压条。

【应用】开花时节繁花满树，清香宜人，在园林中常用作风景树或行道树，孤植、列植景观效果皆佳。

深山含笑

Michelia maudiae

光叶白兰花、莫夫人含笑花

木兰科含笑属

【识别要点】乔木，高达20m。叶革质，长圆状椭圆形，很少卵状椭圆形，先端骤狭短渐尖或短渐尖而尖头钝，基部楔形、阔楔形或近圆钝。花芳香，花被9片，纯白色，基部稍呈淡红色，外轮的倒卵形，内两轮则渐狭小。果实为聚合果；蓇葖长圆形、倒卵圆形、卵圆形；种子红色，斜卵圆形。

【花果期】花期冬末春初；果期9～10月。

【产地】浙江、福建、湖南、广东、广西、贵州。生于海拔600～1500m的密林中。

【繁殖】播种。

【应用】叶鲜绿，花纯白美丽，为著名庭园观赏树种，可列植或孤植栽培观赏，也可提取芳香油或供药用。

玉兰

Yulania denudata
木兰
木兰科玉兰属

【识别要点】落叶乔木，高达25m。树皮深灰色，粗糙开裂。叶纸质，倒卵形、宽倒卵形或倒卵状椭圆形，基部徒长枝叶椭圆形，先端宽圆、平截或稍凹，具短突尖，中部以下渐狭成楔形。花先叶开放，直立，芳香，花被9片，白色，基部常带粉红色，长圆状倒卵形。聚合果圆柱形；蓇葖厚木质，褐色；种子心形，侧扁。

【花果期】花期冬末春初；果期8～9月。
【产地】江西、浙江、湖南、贵州。生于海拔500～1 000m的林中。
【繁殖】播种。

【应用】早春白花满树，艳丽芳香，为驰名中外的庭园观赏树种，在我国南北均有种植，孤植、列植均宜。

二乔木兰

Yulania soulangeana
二乔玉兰
木兰科玉兰属

【识别要点】小乔木，高6～10m。小枝无毛。叶纸质，倒卵形，先端短急尖，2/3以下渐狭成楔形，上面基部中脉常残留有毛，下面多少被柔毛。花蕾卵圆形；花先叶开放，浅红色至深红色，花被6～9片，外轮3片常较短，约为内轮长的2/3。果实为聚合果；蓇葖卵圆形或倒卵圆形，熟时黑色。

【花果期】花期冬末春初；果期9～10月。
【产地】系玉兰和紫玉兰的杂交种。
【繁殖】高空压条、嫁接。

【应用】品种繁多，全国各地有栽培，开花量大，为著名的观花植物，适于园路旁、草坪中、庭院等处丛植或片植观赏。

高红槿 *Hibiscus elatus*
锦葵科木槿属

【识别要点】常绿乔木，高5m。幼枝被白霜，平滑无毛。叶近圆心脏形，先端短渐尖头，基部心形，全缘至有短齿，上面疏被星状柔毛，渐变无毛，下面被灰色星状茸毛。花单生于叶腋或顶生，有托叶状苞片2；花大，钟状，红色，花瓣5，倒卵状匙形或长圆状匙形。果实未见。

【花果期】花期几乎全年，以初冬为盛。

【产地】原产西印度群岛。我国华东南部及华南有栽培。

【繁殖】扦插。

【应用】花大色艳，极美丽，在岭南地区有少量栽培，可用作行道树及风景树，列植、孤植均可，也适合与其他观花乔木配植。

乌墨

Syzygium cumini
海南蒲桃、乌楣
桃金娘科蒲桃属

【识别要点】乔木，高15m。嫩枝圆形，干后灰白色。叶片革质，阔椭圆形至狭椭圆形，先端圆或钝，有一个短的尖头，基部阔楔形，稀为圆形。圆锥花序腋生或生于花枝上，偶有顶生，花白色，3～5朵簇生。果实卵圆形或壶形，种子1颗。

【花果期】花期冬末春初。

【产地】台湾、福建、广东、广西、云南等地。常见于平地次生林及荒地上。中南半岛、马来西亚、印度、印度尼西亚、澳大利亚等地也有。

【繁殖】播种。

【应用】树干通直，四季常绿，树姿优美、花美丽、洁净、素雅，为优良的庭院绿荫树和行道树种。

白金汉

Buckinghamia celsissima
白金汉木
山龙眼科白金汉属

【识别要点】常绿乔木，株高可达25m以上。如在稍冷区域种植，树高不超过8m。叶二型，幼叶常羽状深裂；成株叶互生，长椭圆形，先端尖，基部楔形，两侧不对称，绿色，全缘。花序穗状，花瓣及花丝白色至奶油黄色。

【花果期】花期12月至翌年4月；果期夏季。
【产地】澳大利亚昆士兰州。
【繁殖】播种。

【应用】花奇特，开花极为繁茂，且适应性强，抗性佳。岭南地区有少量引种，适合用作行道树或风景树，也可孤植于草地中观赏。

梅

Armeniaca mume
梅花、干枝梅、红梅
蔷薇科杏属

【识别要点】小乔木，稀灌木，高4～10m。小枝绿色，光滑无毛。叶片卵形或椭圆形，先端尾尖，基部宽楔形至圆形，叶边常具小锐锯齿，灰绿色，幼嫩时两面被短柔毛，成长时逐渐脱落。花单生或有时2朵同生于1芽内，香味浓，先于叶开放；花萼通常红褐色，但有些品种的花萼为绿色或绿紫色；花瓣倒卵形，白色至粉红色。果实近球形，黄色或绿白色，味酸。

【花果期】花期冬春季；果期5～6月。
【产地】我国各地均有栽培，但以长江流域以南各省最多。日本和朝鲜也有。
【繁殖】播种、嫁接。

【应用】梅花为我国十大名花之一，品种繁多，但耐热品种少，在岭南地区应用尚不普遍。栽培最多的为开白花的果梅，适合公园、风景区、庭院等孤植或列植栽培欣赏，也常用于制作梅桩等。鲜花可提取香精，花、叶、根和种仁均可入药。果实可鲜食、盐渍、干制，或熏制成乌梅入药。

钟花樱桃

Cerasus campanulata
福建山樱花、山樱花、绯樱
蔷薇科樱属

【识别要点】乔木或灌木，高 3～8m。树皮黑褐色。小枝灰褐色或紫褐色，嫩枝绿色，无毛。叶片卵形、卵状椭圆形或倒卵状椭圆形，薄革质，先端渐尖，基部圆形，边有急尖锯齿，常稍不整齐。叶上面绿色，无毛；下面淡绿色，无毛或脉腋有簇毛。伞形花序有花 2～4 朵，先叶开放，苞片褐色，稀绿褐色，萼筒钟状，基部略膨大，萼片长圆形，花瓣倒卵状长圆形，粉红色，先端颜色较深，下凹，稀全缘。核果卵球形，顶端尖。

【花果期】花期冬末至早春；果期4～5月。

【产地】浙江、福建、台湾、广东、广西。生于山谷林中及林缘，海拔100～600m。日本、越南也有。

【繁殖】播种。

【应用】花色鲜艳，开花繁密，景观效果好，花期正值春节前后，近年来在岭南地区得到大量应用，列植、孤植、片植效果均佳。

红皮糙果茶

Camellia crapnelliana
克氏茶
山茶科山茶属

【识别要点】小乔木，高5～7m。树皮红色，嫩枝无毛。叶硬革质，倒卵状椭圆形至椭圆形，先端短尖，尖头钝，基部楔形，上面深绿色，下面灰绿色，无毛。花顶生，单花，近无柄；苞片3片，紧贴着萼片；萼片5片，倒卵形；花冠白色，6～8片，倒卵形。蒴果球形，3室，每室有种子3～5个。

【花果期】花期冬季；果熟期夏季。
【产地】香港、广西、福建、江西及浙江。
【繁殖】播种、扦插。

【应用】为山茶科极具观赏价值的优良观花观果树种，株形美观，树皮红色，花朵洁白，果实硕大，适合路边、角隅或草地中孤植或三五株群植栽培观赏。

山茶 *Camellia japonica*
茶花
山茶科山茶属

【识别要点】灌木或小乔木，高9m。嫩枝无毛。叶革质，椭圆形，先端略尖，或急短尖而有钝尖头，基部阔楔形，上面深绿色，下面浅绿色。花顶生，红色，无柄；苞片及萼片约10片，花瓣6～7片，外侧2片近圆形，几离生，内侧5片倒卵圆形。蒴果圆球形，2～3室，每室有种子1～2个。

【花果期】花期1～4月；果期9～10月。

【产地】四川、台湾、山东、江西等地。国内各地广泛栽培。

【繁殖】播种、扦插或嫁接。

【应用】花大美丽，为我国十大名花之一，除盆栽外，也常用于园林绿地，适合公园、绿地、社区及庭院的稍庇荫环境下栽培。

油茶 *Camellia oleifera*
山茶科山茶属

【识别要点】灌木或中乔木。嫩枝有粗毛。叶革质，椭圆形、长圆形或倒卵形，先端尖而有钝头，有时渐尖或钝，基部楔形。花顶生，近于无柄；苞片与萼片约10片，由外向内逐渐增大，阔卵形；花瓣白色，5～7片，倒卵形。蒴果球形或卵圆形，3室或1室，3爿或2爿裂开，每室有种子1粒或2粒。

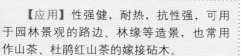

【花果期】花期冬春间。

【产地】从长江流域到华南各地广泛栽培，是主要木本油料作物。海南省800m以上的原生森林有野生种，呈中等乔木状。

【繁殖】播种。

【应用】性强健，耐热，抗性强，可用于园林景观的路边、林缘等造景，也常用作山茶、杜鹃红山茶的嫁接砧木。

茶梅

Camellia sasanqua
茶梅花
山茶科山茶属

【识别要点】小乔木。嫩枝有毛。叶革质，椭圆形，先端短尖，基部楔形，有时略圆，边缘有细锯齿。花大小不一，苞片及萼片6～7片，被柔毛；花瓣6～7片，阔倒卵形，近离生，大小不一，红色。蒴果球形，1～3室，果爿3裂，种子褐色。

【花果期】花期冬季。

【产地】分布于日本，多栽培。我国有栽培品种。

【繁殖】扦插、嫁接、压条或播种。

【应用】品种繁多，花色艳丽，在岭南地区有少量栽培，可于公园、风景区等栽培观赏，或用于山茶专类园。

广宁红花油茶 *Camellia semiserrata*
南山茶
山茶科山茶属

【识别要点】小乔木，高8～12m。嫩枝无毛。叶革质，椭圆形或长圆形，先端急尖，基部阔楔形。花顶生，红色，花瓣6～7片，阔倒卵圆形。蒴果卵球形，果皮厚木质。

【花果期】花期冬季。

【产地】广东西江一带及广西的东南部。生于海拔200～350m的山地。

【繁殖】播种、嫁接。

【应用】花美丽，开花时值少花的冬季，适合公园、花园、庭院及校园等植于路边、草坪中及一隅，宜与山茶科植物配植。

灌 木

假杜鹃

Barleria cristata
刺血红
爵床科假杜鹃属

【识别要点】小灌木，高达2m。茎圆柱状，被柔毛，有分枝。叶片纸质，椭圆形、长椭圆形或卵形，长3～10cm，宽1.3～4cm，先端急尖，有时有渐尖头，基部楔形，下延。叶腋内通常着生2朵花，花在短枝上密集。花的苞片叶形，无柄；花冠蓝紫色或白色，2唇形，花冠管圆筒状，喉部渐大，冠檐5裂，裂片近相等，长圆形。蒴果长圆形。

【花果期】花期11～12月。

【产地】华南、华东南部及西南地区，生于海拔700～1100m的山坡、路旁或疏林下。中南半岛、印度和印度洋一些岛屿也有。

【繁殖】扦插。

【应用】开花时节正是百花凋零之日，且开花繁茂，为不可多得的冬日观花植物，多丛植或片植于墙垣边、路边、山石边或一隅观赏。

朱蕉

Cordyline fruticosa
铁树
龙舌兰科朱蕉属

【识别要点】灌木状，直立，高1～3m。茎粗1～3cm，有时稍分枝。叶聚生于茎或枝的上端，矩圆形至矩圆状披针形，长25～50cm，宽5～10cm，绿色或带紫红色，叶柄有槽，基部变宽，抱茎。圆锥花序长30～60cm，每朵花有3枚苞片；花淡红色、青紫色至黄色。果实为浆果。

【花果期】花期冬初至翌年3月。

【产地】原产夏威夷或新西兰，后引进波利尼西亚等地。现在热带及亚热带地区广泛栽培。

【繁殖】扦插或高空压条。

【应用】适应性强，且品种繁多，可用于不同场景绿化，公园、绿地、绿化带、墙隅、庭园均可应用，丛植、片植均宜。波利尼西亚等地常用朱蕉的叶子盖房子的屋顶，防止漏雨。在夏威夷，草裙舞穿的草裙是用朱蕉的叶子来制作的，当地人还用其根状茎发酵酿制烧酒。

狗尾红

Acalypha hispida

红穗铁苋菜

大戟科铁苋菜属

【识别要点】灌木，高0.5～3m。嫩枝被灰色短茸毛。叶纸质，阔卵形或卵形，顶端渐尖或急尖，基部阔楔形、圆钝或微心形，上面近无毛，下面沿中脉和侧脉具疏毛，边缘具粗锯齿。雌雄异株，雌花序腋生，穗状，下垂；雌花苞片卵状菱形，散生，苞腋具雌花3～7朵，簇生；雌花萼片通常4枚，近卵形。蒴果未见。

【花果期】花期冬末至秋季。

【产地】原产太平洋岛屿。我国南方有栽培。

【繁殖】扦插。

【应用】花序奇特，园林中较少应用，可用于林缘、路边或山石边栽培观赏。

一品红

Euphorbia pulcherrima
猩猩木、老来娇
大戟科大戟属

【识别要点】灌木。根圆柱状，极多分枝。茎直立。叶互生，卵状椭圆形、长椭圆形或披针形，先端渐尖或急尖，基部楔形或渐狭，绿色，边缘全缘或浅裂或波状浅裂。花序数个聚伞排列于枝顶；总苞坛状，淡绿色，裂片三角形；腺体常1枚，极少2枚，黄色，常压扁，呈二唇状；雄花多数，常伸出总苞之外；雌花1枚。蒴果三棱状圆形，种子卵状。

【花果期】自然花期10月至翌年4月，广州栽培多用加光法延迟开花于冬季应用。

【产地】原产美洲。广泛栽培于热带和亚热带。我国绝大部分地区均有栽培。

【繁殖】扦插、高空压条。

【应用】苞片鲜艳，是世界重要的盆花，多于圣诞节及春节装饰大堂、广场等，也可用于室内客厅、卧室、阳台美化。

龙脷叶

Sauropus spatulifolius
龙舌叶、龙味叶
大戟科守宫木属

【识别要点】常绿小灌木，高10～40cm。叶通常聚生于小枝上部，常向下弯垂，叶片近肉质，匙形、倒卵状长圆形或卵形，有时长圆形，顶端浑圆或钝，有小凸尖，稀凹缺，基部楔形或钝，稀圆形。花红色或紫红色，雌雄同枝，2～5朵簇生于落叶的枝条中部或下部，或茎花，有时组成短聚伞花序。

【花果期】花期冬末至秋季。
【产地】越南北部。
【繁殖】扦插。

【应用】叶色美观，花也有一定观赏价值，可作观叶植物栽培，适合林下、林缘、路边栽培观赏。

瑞木 *Corylopsis multiflora*
大果蜡瓣花
金缕梅科蜡瓣花属

【识别要点】落叶或半常绿灌木，有时为小乔木。叶薄革质，倒卵形、倒卵状椭圆形或卵圆形，先端尖锐或渐尖，基部心形，近于等侧。总状花序，苞片卵形，花瓣倒披针形，雄蕊突出花冠外。蒴果硬木质，果皮厚。

【花果期】花期12月至翌年4月；果期5～10月。
【产地】福建、台湾、广东、广西、贵州、湖南、湖北及云南等地。
【繁殖】播种。

【应用】性强健，在园林中较少应用，可用于公园、绿地的路边、山石边或墙垣处绿化。

羽叶熏衣草

Lavandula pinnata
羽裂熏衣草
唇形科熏衣草属

【识别要点】常绿灌木，株高30～40cm。叶对生，2回羽状复叶，小叶线形或披针形，灰绿色。轮伞花序，枝顶聚集成穗状花序，花茎细高，花唇形，蓝紫色。果实为坚果。

【花果期】主要花期冬至春季；果期春至夏。

【产地】加那利群岛。

【繁殖】播种、扦插。

【应用】全株具芳香，岭南地区多盆栽观赏，也适合庭院、公园、景区、农庄等路边、花坛或片植观赏。熏衣草产品大多用于美容、熏香、食用、药用，其干花、精油、香包、香枕、熏衣草茶等制品深受游客喜爱。

迷迭香

Rosmarinus officinalis
匍匐迷迭香
唇形科迷迭香属

【识别要点】灌木，高达2m。茎及老枝圆柱形，有不规则纵裂。叶常常在枝上丛生，具极短的柄或无柄，叶片线形，先端钝，基部渐狭，全缘，向背面卷曲，革质。花近无梗，对生，少数聚集在短枝顶端组成总状花序；花冠蓝紫色，长不及1cm，冠筒稍外伸，冠檐二唇形，上唇直伸，2浅裂，下唇宽大，3裂。坚果卵状近球形。

【花果期】花期11月。

【产地】原产欧洲及北非地中海沿岸。我国广泛栽培。

【繁殖】扦插。

【应用】为著名芳香植物，岭南地区有栽培。叶及花具芳香，适合公园、校园、庭院等栽培观赏。也可用于香草专类园。

柳叶润楠

Machilus salicina
柳叶稹楠、 柳叶桢楠
樟科润楠属

【识别要点】灌木，通常3～5m。枝条褐色，有浅棕色纵裂的皮孔。叶常生于枝条的梢端，线状披针形，先端渐尖，基部渐狭成楔形，革质。聚伞状圆锥花序多数，生于新枝上端，少分枝，花黄色或淡黄色，花被筒倒圆锥形，花被裂片长圆形。果序疏松，少果，果球形，嫩时绿色，熟时紫黑色。

【花果期】花期冬末春初；果期4～6月。

【产地】广东、广西、贵州南部、云南南部。常生于低海拔地区的溪畔河边。中南半岛也有。

【繁殖】扦插、播种。

【应用】性强健，适于公园、绿地的水边等处种植，也适合用作护岸防堤树种。

珍珠相思

Acacia podalyriifolia
珍珠金合欢
豆科金合欢属

【识别要点】常绿灌木或小乔木，株高2～5m。叶状柄宽卵形或椭圆形，先端具尾状钩，基部圆形。总状花序生于叶柄腋处，花序由2～10个小头状花组成，金黄色。荚果扁平。

【花果期】花期冬春。
【产地】澳大利亚。我国南方引种栽培。
【繁殖】播种、扦插。

【应用】为近年引进的观花灌木，花叶均可观赏，也常用作切花。适合三五株群植或孤植于一隅观赏。

火红萼距花

Cuphea platycentra
火焰花、雪茄花
千屈菜科萼距花属

【识别要点】半耐寒的亚灌木，分枝极多，呈丛生状，披散，高30cm以上。叶对生，披针形至卵状披针形，顶端渐尖，基部渐狭，具短柄或上面的无柄。花单生叶腋或近腋生，具细长的花梗，萼筒细长，基部背面有距，顶端6齿裂，火焰红色，末端有紫黑色的环，口部白色；无花瓣。果实为蒴果。

【花果期】花期冬季。

【产地】原产墨西哥。华南等地有栽培。

【繁殖】扦插。

【应用】花火焰红色，极美，在岭南地区有少量应用，可用于绿化带、草地边缘、墙边或庭院栽培。

星花木兰

Yulania stellata
星花玉兰
木兰科玉兰属

【识别要点】灌木。小枝纤细，具皮孔；老枝灰褐色，2年生小枝绿色。叶片椭圆形、狭椭圆形或倒卵状椭圆形，背面无毛或仅在脉腋处有短柔毛，正面无毛，基部楔形，先端渐尖或尾尖。花在叶之前出现，花被片12～15（～18），4或5（或6）轮，初为淡红色，后在顶部或中间渐变成为白色或红色。果实为聚合果。

【花果期】花期冬末春初。
【产地】原产日本。我国有栽培。
【繁殖】播种、嫁接。

【应用】株形小巧，先花后叶，花朵粉色至白色，具芳香，为早春优良的观花灌木，适合植于园路边、假山石边、池畔或草地中。

棱果花 *Barthea barthei*
野牡丹科棱果花属

【识别要点】灌木，高70～150cm，有时达3m。茎圆柱形，小枝略四棱形。叶片坚纸质或近革质，椭圆形、近圆形、卵形或卵状披针形，顶端渐尖，基部楔形或广楔形，全缘或具细锯齿。聚伞花序顶生，有花3朵，常仅1朵成熟；花萼钟形，有4棱，花瓣白色至粉红色或紫红色，长圆状椭圆形或近倒卵形，上部偏斜。蒴果长圆形，顶端平截，为宿存萼所包。

【花果期】花期1～4月或10～12月；果期10～12月或翌年1～5月。

【产地】湖南、广西、广东、福建、台湾。生于海拔400～1300m，有时可低至280m，常见于山坡、山谷或山顶疏林中，有时也见于水旁。

【繁殖】播种。

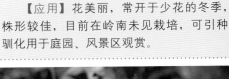

【应用】花美丽，常开于少花的冬季，株形较佳，目前在岭南未见栽培，可引种驯化用于庭园、风景区观赏。

宝莲花

Medinilla magnifica

粉苞酸脚杆

野牡丹科酸脚杆属

【识别要点】常绿小灌木，株高30～60cm。单叶对生，叶片大，生于枝条上半部，卵形至椭圆形，全缘无柄。穗状花序下垂，花外苞片粉红色，花冠钟形。果实为浆果。

【花果期】花期4～5月。广州多催花于春节应用。

【产地】热带非洲及东南亚一带的热带雨林地区。

【繁殖】高空压条、扦插。

【应用】花序大，极美丽，多盆栽用于室内的客厅、卧室等装饰，番禺百万葵园大量应用于餐厅空中，打造成极佳的立体景观，适于宾馆、商场、居家等的厅堂装饰。

角茎野牡丹 *Tibouchina granulosa*
野牡丹科丽蓝木属

【识别要点】常绿灌木，高可达3m。小枝四棱形，嫩枝、叶片与萼筒密生倒伏状粗毛。叶对生，5出脉，先端尖，基部楔形，具长柄，全缘。花蓝紫色，5瓣，硕大，花瓣卵圆形。蒴果坛状球形，成熟时5瓣裂，内有种子多数。

【花果期】花期冬季；果期夏秋。
【产地】巴西。
【繁殖】播种。

【应用】花大色艳，广州有少量种植，可孤植或三五株丛植庭园路边或一隅。

铜盆花

Ardisia obtusa
钝叶紫金牛
紫金牛科紫金牛属

【识别要点】灌木，高1～6m。小枝无毛，常有棱。叶片坚纸质或略厚，倒披针形或倒卵形，顶端广急尖、钝或圆形，基部楔形，全缘。由复伞房花序或亚伞形花序组成的圆锥花序顶生，萼片三角状卵形至长圆状卵形，顶端急尖，花瓣淡紫色或粉红色，卵形，顶端急尖。果实球形，黑色，无腺点。

【花果期】花期冬末至春季；果期4～7月。

【产地】广东。海拔20～40m或更高的山谷、山坡灌木丛中或疏林下，或水旁。

【繁殖】播种、扦插。

【应用】株形美观，花繁密，为优良的观花树种，目前岭南地区有少量栽培，可引种至公园、绿地或庭院孤植、列植观赏。

金珠柳

Maesa montana
山地杜茎山
紫金牛科杜茎山属

【识别要点】灌木或小乔木，高2～3m，稀达10m。叶片坚纸质，椭圆状或长圆状披针形或卵形，稀广卵形，顶端急尖或渐尖，基部楔形或钝，边缘具粗锯齿或疏波状齿。总状花序或圆锥花序，常于基部分枝，腋生，花冠白色，钟形。果实球形或近椭圆形。

【花果期】花期冬至春；果期10～12月。

【产地】我国西南各省至台湾以南地区。生于海拔400～2 800m的山间杂木林下或疏林下。

【繁殖】扦插、播种。

【应用】花繁密，洁白，观赏性较佳，目前园林中尚无应用，可引种至庭园的路边、一隅丛植观赏。

松红梅
Leptospermum scoparium
澳洲茶
桃金娘科细子木属

【识别要点】常绿小灌木，高约2m。叶互生，丛生状，线形或线状披针形。花有单瓣及重瓣之分，花色红、桃红、粉红或深红，花心多为深褐色。果实为蒴果。

【花果期】花期冬末至秋。

【产地】澳大利亚及新西兰。我国南方广泛栽培。

【繁殖】扦插、高空压条或播种。

【应用】开花繁茂，常用作切花及盆栽装饰居家，在园林中较少应用，偶见用于温室栽培观赏。

云南素馨

Jasminum mesnyi
云南黄素馨、金腰带
木犀科素馨属

【识别要点】常绿直立亚灌木，枝条下垂。小枝四棱形，具沟，光滑无毛。叶对生，3出复叶或小枝基部具单叶；叶片和小叶片近革质，两面几无毛，叶缘反卷，小叶片长卵形或长卵状披针形，先端钝或圆，具小尖头，基部楔形。花通常单生于叶腋，稀双生或单生于小枝顶端；花冠黄色，漏斗状，裂片6～8枚，宽倒卵形或长圆形。果实椭圆形。

【花果期】花期初冬至翌年4月；果期3～5月。

【产地】四川、贵州、云南。生峡谷、林中，海拔500～2 600m。我国各地均有栽培。

【繁殖】扦插、分株、压条。

【应用】枝条长而柔弱，花色金黄，观赏性佳，适合小型棚架、花架、花坛、花台栽培，也可作地被植物。

蓝花丹

Plumbago auriculata
花绣球、蓝茉莉
白花丹科白花丹属

【识别要点】常绿柔弱半灌木，上端蔓状或极开散，高约1m或更长。叶薄，通常菱状卵形至狭长卵形，有时椭圆形或长倒卵形，先端骤尖而有小短尖，罕钝或微凹，基部楔形，向下渐狭成柄，上部叶的叶柄基部常有小型半圆至长圆形的耳。穗状花序含18～30枚花；花冠淡蓝色至蓝白色，裂片倒卵形，先端圆。果实未见。

【花果期】花期几乎全年，而以12月至翌年4月、6～9月为盛。

【产地】原产南非南部。已广泛为各国引种作观赏植物。我国华南、华东、西南和北京常有栽培。

【繁殖】扦插。

【应用】开花繁茂，花色淡雅，是极佳的观花灌木，目前岭南应用较少，适合林缘、草坪边缘、花坛、墙垣边绿化，也是庭院绿化的优良材料。

深红树萝卜

Agapetes lacei
灯笼花、柳叶树萝卜
杜鹃花科树萝卜属

【识别要点】附生灌木。枝条具平展刚毛。叶片革质，椭圆形，先端锐尖或钝，基部楔形或圆形，上半部边缘有细锯齿、无毛，表面脉不明显，背面脉大多明显。花单生叶腋；花冠圆筒状，檐部稍扩大，深红色，裂片三角形。果实小，红色。

【花果期】花期1～6月；果期7月。
【产地】云南、西藏。附生于海拔1 500～1 650m的常绿林中树上。缅甸也有。
【繁殖】播种。

【应用】深红色的小花悬于枝上，极美丽，果小而艳丽，适合庭园附着于树干栽培观赏。

吊钟花

Enkianthus quinqueflorus

铃儿花、白鸡烂树

杜鹃花科吊钟花属

【识别要点】灌木或小乔木，高1～3（～7）m。树皮灰黄色。多分枝。叶常密集于枝顶，互生，革质，两面无毛，长圆形或倒卵状长圆形，先端渐尖且具钝头或小突尖，基部渐狭而成短柄，边缘反卷，全缘或稀向顶部疏生细齿。花通常3～8（～13）朵组成伞房花序，从枝顶覆瓦状排列的红色大苞片内生出，花萼5裂，花冠宽钟状，粉红色或红色，口部5裂，裂片钝，微反卷。蒴果椭圆形，淡黄色。

【花果期】花期冬末至春；果期5～7月。

【产地】江西、福建、湖北、湖南、广东、广西、四川、贵州、云南。生于海拔600～2 400m的山坡灌丛中。越南也有。

【繁殖】播种、扦插。

【应用】花极为美丽，目前仅见于花市或野生，在园林中尚未应用，可引种驯化用于庭园绿化。

西洋杜鹃

Rhododendron × hybride
西鹃
杜鹃花科杜鹃属

【识别要点】 常绿灌木，株高15～50cm。叶互生或簇生，长椭圆形，叶面具白色茸毛。花有单瓣、半重瓣及重瓣，花有红、粉红、白色带粉红边或红白相间等色。果实为蒴果，很少结实。

【花果期】花期春季。多催花于春节开花。

【产地】园艺杂交种。我国南北广泛栽培。

【繁殖】扦插。

【应用】栽培品种繁多，是我国引进最早的杜鹃花品种之一。花色丰富，色泽艳丽，大多盆栽用于室内美化，也可用于公园、庭院的林下或庇荫的地方栽培观赏。

石楠杜鹃 *Rhododendron × hybride*
杜鹃花科杜鹃属

【识别要点】 多年生常绿灌木或小乔木，株高约3m。叶片互生，下面常脱落，密集着生于枝条顶端，叶片椭圆状或披针形，革质，具光泽。花顶生，常数朵聚生于枝头，花朵钟状，单瓣或重瓣，花有紫红、红、粉红、橙红、桃红、紫蓝、白、黄等多种颜色。果实为蒴果。

【花果期】 自然花期3～5月。多催花于春节应用。

【产地】 园艺种。现我国已商品化生产。

【繁殖】 扦插、高空压条或嫁接。

【应用】 为高山杜鹃选育出的品种。品种繁多，花大色艳，有极高的观赏价值，因喜低温冷凉的气候，在岭南燥热地区无法越冬，所以在园林中极少应用，多盆栽用于卧室、客厅装饰。

厚叶石斑木 *Rhaphiolepis umbellata*
蔷薇科石斑木属

【识别要点】常绿灌木或小乔木，高2～4m。叶片厚革质，长椭圆形、卵形或倒卵形，先端圆钝至稍锐尖，基部楔形，全缘或有疏生钝锯齿。圆锥花序顶生，直立，花瓣白色，倒卵形。果实球形，黑紫色带白霜。

【花果期】盛花期冬末至春季；果期6～8月。
【产地】浙江。日本广泛分布。
【繁殖】播种。

【应用】花洁白，具有观赏性，现园林应用较少，可引种植于庭园，宜与其他花灌木配植。

非洲芙蓉

Dombeya burgessiae
铃铃花
梧桐科铃铃花属

【识别要点】落叶或常绿灌木，株高2～6m。叶密集，单叶互生，厚纸质，心形，先端渐尖或突尖，基部心形，叶缘具细锯齿，粗糙，被毛。聚伞状圆锥花序，由叶腋间抽生而出，粉红色，由20余朵小花组成，花瓣5，覆瓦状排列。果实为蒴果。

【花果期】花期冬春。

【产地】马达加斯加。我国华南及西南等地引种栽培。

【繁殖】扦插。

【应用】性强健，花大秀美，适合公园、绿地的林缘、路边或墙垣边种植观赏，也可用于庭院一隅或配植于水岸边、山石旁欣赏。

灌木

金花茶 *Camellia petelotii*

金茶花、黄茶
花山茶科山茶属

【识别要点】灌木，高 2～3m，嫩枝无毛。叶革质，长圆形或披针形，或倒披针形，先端尾状渐尖，基部楔形，上面深绿色，发亮，无毛，下面浅绿色，无毛，有黑腺点。花腋生；苞片 5，阔卵形；萼片 5，卵圆形至圆形；花瓣 8～12 枚，近圆形，黄色。蒴果扁三角球形，3 爿裂开，种子 6～8 粒。

【花果期】花期冬季。
【产地】广西。生于非钙质土的山地常绿林。越南北部也有。
【繁殖】播种、扦插。

【应用】花色金黄，晶莹可爱，近年来在园林中开始有少量应用，多用于稍庇荫的路边、山石边或林下栽培观赏。

米碎花

Eurya chinensis
岗茶、米碎柃木
山茶科柃木属

【识别要点】灌木，高1～3m，多分枝。叶薄革质，倒卵形或倒卵状椭圆形，顶端钝而有微凹或略尖，偶有近圆形，基部楔形，边缘密生细锯齿。花1～4朵簇生于叶腋，花瓣5，白色，倒卵形。果实圆球形，有时为卵圆形，成熟时紫黑色；种子肾形，稍扁，黑褐色。

【花果期】花期11～12月；果期翌年6～7月。

【产地】江西、福建、台湾、湖南、广东、广西等地。多生于海拔800m以下的低山丘陵山坡灌丛路边或溪河沟谷灌丛中。

【繁殖】扦插。

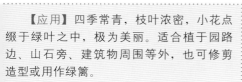

【应用】四季常青，枝叶浓密，小花点缀于绿叶之中，极为美丽。适合植于园路边、山石旁、建筑物周围等外，也可修剪造型或用作绿篱。

烟火树

Clerodendrum quadriloculare

星烁山茉莉
马鞭草科大青属

【识别要点】常绿灌木。幼枝方形，墨绿色。叶对生，长椭圆形，先端尖，全缘或锯齿状波状缘，叶背暗紫红色。聚伞花序，花顶生，小花多数，白色5裂，外卷成半圆形。浆果状核果椭圆形。

【花果期】花期冬至春。
【产地】原产菲律宾及太平洋群岛等地。
【繁殖】分株。

【应用】株形美观，叶色秀丽，花形奇特，为优良的园林绿化树种，常丛植于园路边、草地中或墙隅，也可盆栽观赏。

冬红

Holmskioldia sanguinea
帽子花、阳伞花
马鞭草科冬红属

【识别要点】常绿灌木，高3～7m。小枝四棱形，具四槽，被毛。叶对生，膜质，卵形或宽卵形，基部圆形或近平截，叶缘有锯齿，两面均有稀疏毛及腺点。聚伞花序常2～6个再组成圆锥状，每聚伞花序有3花，中间的一朵花柄较两侧为长，花萼朱红色或橙红色，由基部向上扩张成一阔倒圆锥形的碟，花冠朱红色。果实倒卵形。

【花果期】花期冬末春初。
【产地】原产喜马拉雅。现我国华南、西南等地有栽培。
【繁殖】扦插。

【应用】性强健，花色红艳，在岭南地区应用较多，常用于庭园的路边、墙垣边或山石旁栽培观赏。

黄花老鸦嘴

Thunbergia mysorensis
跳舞女郎
爵床科山牵牛属

【识别要点】多年生常绿藤蔓植物，长可达10m。叶片具光泽，对生，长椭圆形，长15cm左右。总状花序腋生，花序悬垂，长可达90cm，花萼2片，包覆1/3的花冠，花冠尖锄状，花冠内侧鲜黄色，外缘紫红色。果实为蒴果。

【花果期】自然花期冬季，温度适合几乎可全年开花。
【产地】印度南部。
【繁殖】播种、扦插。

【应用】花形奇特优雅，盛花时节犹如舞者，极为美观。花期较长，几乎全年可见花，为优良的观花藤蔓植物，适宜公园、庭院等处的棚架、绿廊、篱垣等绿化。

烟斗马兜铃

Aristolochia gibertii
马兜铃科马兜铃属

【识别要点】多年生常绿缠绕状草质藤本植物。茎黄绿色至绿色。单叶互生，纸质，卵状心形。花单生于叶腋，具长柄，花被合生，向上弯曲，花被筒基部膨大，中部细，上部张开成喇叭形，黄绿色，花朵自下而上呈S形弯曲。果实为蒴果。

【花果期】花期11月至翌年2月。
【产地】阿根廷、巴拉圭和巴西。
【繁殖】播种。

【应用】花形奇特，似烟斗状，故名，可用于公园、绿地等的棚架、篱垣绿化观赏。

炮仗花

Pyrostegia venusta
黄鳝藤
紫葳科炮仗藤属

【识别要点】藤本，具有3叉丝状卷须。叶对生；小叶2～3枚，卵形，顶端渐尖，基部近圆形，上下两面无毛，下面具有极细小分散的腺穴，全缘。圆锥花序着生于侧枝的顶端；花萼钟状，有5小齿；花冠筒状，基部收缩，橙红色，裂片5，长椭圆形，花蕾时镊合状排列，花开放后反折。果瓣革质，舟状，内有种子多列；种子具翅，薄膜质。

【花果期】花期1～2月。
【产地】巴西。我国南方引种栽培。
【繁殖】扦插、高空压条。

【应用】开花如串串鞭炮挂于枝间，极为美丽，又开在少花的冬季，是人们极为喜爱的观花植物，适合公园、绿地、庭院等棚架、墙垣绿化。

绿玉藤

Strongylodon macrobotrys

圆萼藤

豆科绿玉藤属

【识别要点】常绿藤本，长可达20m以上。掌状复叶，常3小叶，小叶长椭圆形，先端渐尖，基部楔形，叶脉明显，叶全缘，下部小叶不对称。由多朵小花组成总状花序，花蓝绿色。果实为荚果。

【花果期】花期12月至翌年4月。

【产地】菲律宾。我国华南及西南引种栽培。

【繁殖】扦插。

【应用】花色为少见的蓝绿色，极为特别，似串串小鸟挂于枝间，国内华南植物园及西双版纳有引种，可用于大型棚架绿化。

金钩吻

Gelsemium sempervirens
卡罗来纳茉莉
马钱科钩吻属

【识别要点】常绿木质藤本。叶对生，全缘，羽状脉，具短柄。花顶生或腋生，花冠漏斗状，花冠裂片5，蕾期覆瓦状，开放后边缘向右覆盖，具芳香。果实为蒴果。

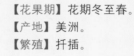

【花果期】花期冬至春。
【产地】美洲。
【繁殖】扦插。

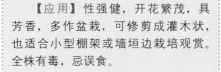

【应用】性强健，开花繁茂，具芳香，多作盆栽，可修剪成灌木状，也适合小型棚架或墙垣边栽培观赏。全株有毒，忌误食。

白花酸藤子

Embelia ribes
白花酸藤果
紫金牛科酸藤子属

【识别要点】攀缘灌木或藤本。枝条无毛，老枝有明显的皮孔。叶片坚纸质，倒卵状椭圆形或长圆状椭圆形，顶端钝渐尖，基部楔形或圆形，全缘。圆锥花序顶生，花5数，稀4数，花萼基部连合达萼长的1/2，花瓣淡绿色或白色，分离，椭圆形或长圆形。果实球形或卵形，红色或深紫色。

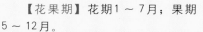

【花果期】花期1～7月；果期5～12月。

【产地】贵州、云南、广西、广东、福建。生于海拔50～2 000m的林内、林缘灌木丛中，或路边、坡边灌木丛中。印度以东至印度尼西亚也有。

【繁殖】播种。

【应用】花小繁密，果艳丽，野生强，易栽培，可引种至小型棚架、篱垣栽培观赏。

叶子花

Bougainvillea spectabilis
毛宝巾、九重葛
紫茉莉科叶子花属

【识别要点】藤状灌木。枝、叶密生柔毛，刺腋生、下弯。叶片椭圆形或卵形，基部圆形，有柄。花序腋生或顶生；苞片椭圆状卵形，花被管狭筒形，绿色，密被柔毛，顶端5～6裂，裂片开展，黄色。果实长1～1.5cm，密生毛。

【花果期】主要花期冬、春两季，南方部分地区几乎全年开花。
【产地】原产热带美洲。我国南北广泛栽培。
【繁殖】扦插、高空压条或嫁接。

【应用】苞片色泽艳丽，是极优的家庭观赏品种，可植于花台、花坛或盆栽装饰居家，也可用于绿篱、花篱栽培。是公园、小区绿化的首选材料。为深圳、珠海、惠州的市花。

蛇王藤

Passiflora cochinchinensis
蛇眼藤、海南西番莲
西番莲科西番莲属

【识别要点】草质藤本。茎稍呈压扁状。叶对生或互生，革质，线形、线状长圆形或阔椭圆形，顶端圆形而微缺或极短尖，基部圆形或钝，全缘。聚伞花序常退化成仅具1～2花。花瓣长圆形，副花冠青紫色或黄色。浆果卵形或近球形。

【花果期】花期1～4月；果期夏、秋。

【产地】广西、广东、海南。生于海拔100～1000m的山谷灌木丛中。老挝、越南、马来西亚也有。

【繁殖】播种、扦插。

【应用】终年常绿，叶、花、果均有较高的观赏价值，适合小棚架、花架、绿篱、栅栏等绿化。

艳赪桐 *Clerodendrum splendens*
美丽赪桐、红龙吐珠
马鞭草科大青属

【识别要点】常绿木质藤本。叶对生，纸质，卵状椭圆形，侧脉明显，全缘，先端渐尖，基部近圆形。聚伞花序腋生或顶生，花冠红色，花萼红色，五角形，顶端渐狭，雌雄蕊细长，突出花冠外。果实为核果。

【花果期】花期冬春。

【产地】热带非洲。我国华南、西南等地引种较多。

【繁殖】扦插、分株。

【应用】花繁叶茂，适合中小型的棚架、花架、墙垣绿化栽培，也可盆栽观赏。

蔓马缨丹

Lantana montevidensis
小叶马缨丹
马鞭草科马缨丹属

【识别要点】半藤状灌木，下垂，有强烈气味。茎四棱形。单叶对生，有柄，边缘有圆或钝齿，表面多皱，叶脉明显。花密集成头状，顶生或腋生，有总花梗；花萼小，膜质；花冠4～5浅裂，裂片钝或微凹，花冠管细长向上略宽展，外面粉红色，喉部白色或淡黄色。果实为核果。

【花果期】花期几乎全年，主花期冬季。

【产地】原产西印度群岛。我国华南、西南等地广为栽培。

【繁殖】播种、扦插。

【应用】花期长，悬垂性好，具有较高的观赏性。适于公路边坡、花台等垂直绿化，也可用于庭园的园路边、花坛或花境等栽培观赏。

金苞花
Pachystachys lutea
黄虾花
爵床科厚穗爵床属

【识别要点】多年生常绿草本，株高30～50cm，多分枝。叶对生，长椭圆形，亮绿色，有明显的叶脉，先端渐尖，基部楔形。穗状花序生于枝顶，苞片金黄色，花冠唇形，花白色。果实为蒴果。

【花果期】全年可见花，主要花期冬季。
【产地】墨西哥、秘鲁。
【繁殖】扦插。

【应用】花序大而密集，色泽鲜艳，为著名的观花植物，岭南地区常见栽培，多用于园林、园路、庭院等栽培观赏，常片植。

板蓝

Strobilanthes cusia
马蓝
爵床科紫云菜属

【识别要点】多年生草本。茎直立或基部外倾，稍木质化，高约1m。叶柔软，纸质，椭圆形或卵形，顶端短渐尖，基部楔形，边缘有稍粗的锯齿，两面无毛，干时黑色。穗状花序直立，苞片对生，花蓝色。蒴果无毛，种子卵形。

【花果期】花期11月；果期冬春季。
【产地】广东、海南、香港、台湾、广西、云南、贵州、四川、福建、浙江。常生于潮湿地方。孟加拉国、印度、缅甸等地也有。
【繁殖】播种。

【应用】叶含蓝靛染料，我国中部、南部和西南部都有栽培利用。适应性强，易栽培，可用于公园、绿地、庭院等绿化。

金边虎尾兰

Sansevieria trifasciata 'Laurentii'
金边虎皮兰
龙舌兰科虎尾兰属

【识别要点】草本，有横走根状茎。叶基生，常1～2枚，也有3～6枚成簇的，直立，硬革质，扁平，长条状披针形，叶边缘为金黄色，叶中间绿色，向下部渐狭成长短不等的、有槽的柄。花葶高30～80cm，花淡绿色或白色，每3～8朵簇生，排成总状花序。果实为浆果。

【花果期】花期11～12月。

【产地】原产非洲西部。我国各地有栽培，供观赏。

【繁殖】分株、扦插。扦插金边易消失。

【应用】株形美观，观赏性佳，常用于园路边、山石边及墙垣边栽培观赏，也常用于多肉植物专类园。盆栽可用于阳台、卧室、客厅、书房等摆放观赏。非洲一些宗教仪式中常作为辟邪植物使用。叶纤维强韧，可供编织用，一些地区曾用其纤维制作弓弦。

大叶红草

Alternanthera dentata `Rubiginosa`
红龙草
苋科莲子草属

【识别要点】多年生草本，株高60cm左右。茎叶古铜色，叶长卵形，先端渐尖，基部楔形。花腋生，球形，白色。果实为胞果。

【花果期】花期冬季。
【产地】原产美洲。
【繁殖】扦插。

【应用】叶色终年古铜色，为华南地区少见的色叶植物，花洁白，与枝叶形成鲜明的对比，可用于花坛、绿化带等种植观赏。

君子兰 *Clivia miniata*
大花君子兰
石蒜科君子兰属

【识别要点】多年生草本。茎基部宿存的叶基呈鳞茎状。基生叶质厚，深绿色，具光泽，带状，下部渐狭。花茎宽约2cm；伞形花序有花10～20朵，有时更多；花直立向上，花被宽漏斗形，鲜红色，内面略带黄色。浆果紫红色，宽卵形。

【花果期】主花期冬季，春、夏也可开花。

【产地】非洲南部。

【繁殖】分株、播种。

【应用】花大色艳，为大众喜闻乐见的观花植物，在东北栽培极盛，目前广州在年宵花市常见，多用于居室、会议室摆放。

垂筒花

Cyrtanthus mackenii
曲管花
石蒜科垂筒花属

【识别要点】多年生球根草本，具鳞茎，株高约20cm。叶基生，长线形。花茎细长，自地下抽生而出，花筒长筒形，略低垂，花色有乳黄、白、粉及橙红等。果实为蒴果。

【花果期】花期冬季及早春；果期春季。
【产地】南非。我国引种栽培。
【繁殖】分球、播种。

【应用】花冠管弯垂，花姿雅致，为广受欢迎的球根花卉，有较高的观赏性，园林中尚无应用。适合花坛、花台、园路边栽培观赏，也可盆栽用于居室美化。

南美水仙

Eucharis × grandiflora
亚马逊石蒜
石蒜科南美水仙属

【识别要点】多年生草本，株高约80cm。叶基生，狭长，长椭圆形，浓绿色。花葶肉质，顶生伞形花序，着花3～6朵，花冠筒圆柱形，中央生有一个副花冠，花瓣开展呈星状。花为纯白色，具芳香。果实为蒴果。

【花果期】花期冬春季。

【产地】哥伦比亚及秘鲁。我国引种栽培。

【繁殖】分球。

【应用】花大，洁白，具芳香，花期长，可用于花境、花坛及庭院栽培，盆栽可用于装饰厅堂、阳台及窗台等，也适合与其他球根植物配植。

洋水仙

Narcissus pseudonarcissus
喇叭水仙、黄水仙
石蒜科水仙属

【识别要点】鳞茎球形，直径 2.5～3.5cm。叶4～6枚，直立向上，宽线形，钝头。花茎高约30cm，顶端生花1朵；花被裂片长圆形，淡黄色，副花冠稍短于花被或近等长。果实为蒴果。

【花果期】自然花期春季。广州多催花于春节应用。
【产地】原产欧洲。
【繁殖】分球。

【应用】花美丽，我国引种历史悠久，在北方可露地越冬，岭南地区作一次性花卉栽培，多盆栽用于居家观赏。

水仙

Narcissus tazetta var. *chinensis*
天葱、雅蒜
石蒜科水仙属

【识别要点】 多年生草本，高20～80cm。地下部分具肥大的鳞茎，卵形或球形，具长颈。叶宽线形，扁平，钝头，全缘，粉绿色。花茎几与叶等长；伞形花序有花4～8朵；佛焰苞状总苞膜质；花被管细，花被裂片6，卵圆形至阔椭圆形，顶端具短尖头，扩展，白色，芳香；副花冠浅杯状，淡黄色，不皱缩，长不及花被的一半。蒴果室背开裂。

【花果期】自然花期春季。目前栽培均经处理后用于春节观赏。

【产地】亚洲东部。我国浙江、福建沿海有野生。

【繁殖】分球。

【应用】水仙花高洁素雅，为我国常见的大众花卉，多在新年及春节用于室内装饰，除盆栽摆放于阳台、窗台、案几欣赏外，在江苏、浙江等地也可植于庭院的墙边、水岸边或路边观赏。鳞茎有毒，不要误食。

红掌

Anthurium andraeanum
花烛、安祖花
天南星科花烛属

【识别要点】多年生常绿草本，株高
30～80 cm。叶柄较长，叶片长椭圆状
心脏形，革质，鲜绿色。花葶自叶腋抽
出，佛焰苞心脏形，表面波皱，有蜡质
光泽，有红、桃红、朱红、白、红底绿
纹、绿、橙等色，肉穗花序圆柱形。果
实为浆果。

【花果期】花期几乎全年，以冬季应
用最盛。

【产地】原产哥斯达黎加、危地马拉
等地。现栽培的均为园艺种。

【繁殖】分株。

【应用】花期长，是我国新兴的盆
栽花卉，多用于室内摆放观赏，也用
于小型园林景观造景，还是我国常用
的切花。

金钱树

Zamioculcas zamiifolia
泽米芋、金币树
天南星科雪铁芋属

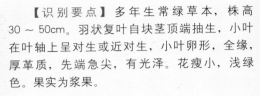

【识别要点】多年生常绿草本，株高30～50cm。羽状复叶自块茎顶端抽生，小叶在叶轴上呈对生或近对生，小叶卵形，全缘，厚革质，先端急尖，有光泽。花瘦小，浅绿色。果实为浆果。

【花果期】花期冬、春。
【产地】非洲东部。
【繁殖】扦插、分株。

【应用】主要用于观叶，多盆栽观赏，可用于卧室、客厅或宾馆的大堂、客房及办公室等处。

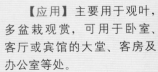

马蹄莲

Zantedeschia aethiopica
慈姑花
天南星科马蹄莲属

【识别要点】多年生粗壮草本，具块茎。叶基生，叶片较厚，绿色，心状箭形或箭形，先端锐尖、渐尖或具尾状尖头，基部心形或戟形，全缘。花序柄光滑；佛焰苞管部短，黄色，檐部略后仰，锐尖或渐尖，具锥状尖头，亮白色，有时带绿色；肉穗花序圆柱形，黄色。浆果短卵圆形，淡黄色，种子倒卵状球形。

【花果期】花期冬末春初；果8～9月成熟。

【产地】原产非洲东北部及南部。我国有栽培。

【繁殖】分株。

【应用】株形美观，花期长，适合室内装饰，园林景观中常群植或孤植造景，也可作切花。

彩色马蹄莲 *Zantedeschia hybrida*
天南星科马蹄莲属

【识别要点】多年生粗壮草本，具块茎。叶基生，叶片亮绿色，全缘，有的品种叶片具斑点。肉穗花序鲜黄色，直立于佛焰中央，佛焰苞似马蹄状，有白色、黄色、粉红色、红色、紫色等，品种很多。果实为浆果。

【花果期】花期冬至春。
【产地】园艺种。我国南北均有栽培。
【繁殖】分株。

【应用】苞片鲜艳，色泽繁多，花期长，是室内栽培的优良观赏花卉，可用于卧室、客厅、阳台等处栽培观赏。

丽格秋海棠

Begonia elatior
玫瑰秋海棠
秋海棠科秋海棠属

【识别要点】多年生草本。茎肉质多汁。单叶互生，心形，叶缘为重锯齿状或缺刻，掌状脉，多为绿色，也有棕色。花形多样，多为重瓣，花色有红、橙、黄、白等。果实为蒴果。

【花果期】花期冬季。
【产地】园艺杂交种。
【繁殖】扦插。

【应用】花大美丽，花期长，多盆栽观赏，可置于茶几、书房、卧室中观赏。

喜炮凤梨

Guzmania 'Major'
双色喜炮凤梨
凤梨科果子蔓属

【识别要点】多年生附生草本，株高约50cm。叶基生，莲座状，阔披针形，先端尖，叶绿色，全缘。穗状花序顶生，苞片红色，花黄色，不甚张开。果实为蒴果。

【花果期】花期冬季。
【产地】园艺种。
【繁殖】分株。生产上常用组培法。

【应用】花序极为美丽，为近年来上市的新品种，观赏性极佳，多盆栽用于室内装饰，也可用于室外附树栽培观赏。

擎天凤梨

Guzmania lingulata
红运当头、星花凤梨
凤梨科果子蔓属

【识别要点】多年生附生草本，茎短。叶互生，莲座式排列，宽带形，绿色，全缘，中央有一蓄水的水槽。品种繁多，苞片有黄色、红色、紫色等。小花生于苞片之内，开放时伸出。果实为蒴果。

【花果期】冬季。
【产地】园艺种。
【繁殖】分株。生产上常用组培法。

【应用】果子蔓属为凤梨科栽培最广的观赏花卉，应用广泛，除盆栽用于室内欣赏外，也可用于园林造景。

红花草凤梨 *Pitcairnia scandens*
凤梨科艳红凤梨属

【识别要点】多年生草本，株高约1m。叶基生，莲座式排列，狭长近带状，先端尖，具细锯齿。穗状花序具分枝，高于叶，花红色。果实为蒴果。

【花果期】花期冬季。
【产地】南美洲。
【繁殖】分株。

【应用】华南植物园有少量引种，适应性好，可引种用于公园、绿地的墙垣边、林缘处种植观赏。

仙人指

Schlumbergera bridgesii
巴西蟹爪
仙人掌科仙人指属

【识别要点】多年生肉质植物。多分枝，茎节扁平下垂，叶退化。花瓣张开反卷，着生茎节顶端两侧，花红色。浆果梨形。

【花果期】花期冬春季；果熟期4～5月。
【产地】南美洲的热带森林中。
【繁殖】扦插、嫁接。

【应用】花大美丽，花期长，盆栽适合阳台、窗台或客厅等处装饰。

蟹爪兰

Zygocactus truncatus
蟹爪
仙人掌科蟹爪兰属

【识别要点】多年生肉质植物。叶状茎扁平多节，肥厚，卵圆形，鲜绿色，先端截形，边缘具粗锯齿。叶退化。花着生于茎的顶端，花被开张反卷，花色有淡紫、黄、红、纯白、粉红、橙和双色等。果实为浆果。

【花果期】花期冬季至翌年4月。
【产地】巴西的热带雨林。
【繁殖】扦插、嫁接。

【应用】花繁密，艳丽，盆栽摆放于窗台、阳台等处观赏。

蔓枝满天星

Gypsophila repens
匍生丝石竹
石竹科石头花属

【识别要点】宿根草本。植株矮小，茎枝纤细，株高仅为10～15cm。叶对生，线形。聚伞花序顶生或腋生，小花粉红色，单瓣或重瓣。果实为蒴果。

【花果期】花期冬春季；果期春夏季。
【产地】小亚细亚及高加索一带。现栽培的大多为园艺种。
【繁殖】播种、扦插。

【应用】花小繁密，极美丽，适合花坛栽培或盆栽，岭南多作盆栽用于室内装饰，也可作插花材料。

矢车菊

Centaurea cyanus
蓝芙蓉
菊科矢车菊属

【识别要点】一年生或二年生草本，高30～70cm或更高。茎直立，自中部分枝，极少不分枝。基生叶及下部茎叶长椭圆状倒披针形或披针形，不分裂，中部茎叶线形、宽线形或线状披针形，上部茎叶与中部茎叶同形，但渐小。头状花序多数或少数在茎枝顶端排成伞房花序或圆锥花序。总苞片约7层，边花增大，超长于中央盘花，蓝色、白色、红色或紫色，檐部5～8裂，盘花浅蓝色或红色。瘦果椭圆形。

【花果期】花果期冬末至秋季。
【产地】原产欧洲。
【繁殖】播种。

【应用】为著名的观花草本，适合公园、花园、校园、风景区的路边、墙垣边种植或用于花境。

黄晶菊

Coleostephus multicaulis

春俏菊
菊科鞘冠菊属

【识别要点】二年生草本，株高 15～20cm。茎具半匍匐性。叶互生，肉质，叶形长条匙状，羽状裂或深裂。头状花序顶生、盘状，花色金黄，边缘为扁平舌状花，中央为筒状花。果实为瘦果。

【花果期】花期冬末至初夏；5月果熟。
【产地】阿尔及利亚。
【繁殖】播种。

【应用】花繁密，色泽艳丽，适合花坛、花境种植观赏，也可用于路边、草地边缘或庭院美化。

大丽花

Dahlia pinnata
大理菊、天竺牡丹
菊科大丽花属

【识别要点】多年生草本，有巨大棒状块根。茎直立，多分枝，高1.5～2m，粗壮。叶1～3回羽状全裂，上部叶有时不分裂，裂片卵形或长圆状卵形，下面灰绿色，两面无毛。头状花序大，有长花序梗，常下垂，卵状椭圆形，叶质，内层膜质，椭圆状披针形。舌状花1层，白色、红色或紫色；管状花黄色，有时在栽培种全部为舌状花。瘦果长圆形，黑色，扁平，有2个不明显的齿。

【花果期】自然花期6～12月。广州多于冬季应用。

【产地】墨西哥。现世界各地均有栽培。

【繁殖】播种、分球。

【应用】花大色艳，为我国常见的庭园花卉，观赏品种极多，约有3 000个栽培种，华南地区常盆栽用作年宵花，常被误称为芍药。

非洲菊

Gerbera jamesonii
扶郎花
菊科大丁草属

【识别要点】多年生草本，被毛。根状茎短。叶基生，莲座状，叶片长椭圆形至长圆形，顶端短尖或略钝，基部渐狭，边缘不规则羽状浅裂或深裂。花葶单生，或稀有数个丛生，头状花序单生于花葶之顶，外围雌花2层，外层花冠舌状，舌片淡红色至紫红色，或白色及黄色，长圆形，内层雌花比两性花纤细，管状二唇形。瘦果圆柱形。

【花果期】花期11月至翌年4月。
【产地】原产非洲。我国各地有栽培。
【繁殖】播种、分株。

【应用】花色繁多，花大，花期长，是重要的切花之一，岭南地区多用于阳台、卧室及窗台等处绿化，也可植于花坛、花带或花境欣赏。

达科他州金色堆心菊

Helenium 'Dakota Gold'
菊科堆心菊属

【识别要点】一、二年生草本，株高35～45cm。叶线形，分裂或不分裂，全缘。头状花序生于茎顶，舌状花柠檬黄色，花瓣阔，先端有缺刻，管状花黄绿色，中心呈黄色。果实为瘦果。

【花果期】冬至夏。
【产地】园艺种，我国华南引种栽培。
【繁殖】播种。

【应用】本种花色明快，花繁密，极为茂盛，我国有少量引种，可用于园路边、花坛或墙垣边种植观赏，或成片种植营造群体景观，也可盆栽观赏。

白晶菊

Mauranthemum paludosum
晶晶菊
菊科白舌菊属

【识别要点】二年生草本，株高 15 ～ 25cm。叶互生，1 ～ 2 回羽裂。花顶生，盘状，边缘舌状花银白色，中央筒状花金黄色。果实为瘦果。

【花果期】花期从冬末至初夏；5月下旬果实成熟。

【产地】原产北非及西班牙等地。

【繁殖】播种。

【应用】花洁白雅致，观赏效果极佳，在园林中多片植或作花境材料，也是花坛及庭园常用的观赏草本花卉。

非洲万寿菊

Osteospermum ecklonis
蓝目菊
菊科蓝目菊属

【识别要点】半灌木或多年生宿根草本植物，株高20～50cm。基生叶丛生，茎生叶互生，羽裂。顶生头状花序，中央为蓝紫色管状花，舌瓣花有白、紫、淡黄、橘红等色。果实为瘦果。

【花果期】花期冬末至夏；果期夏秋。
【产地】非洲。我国南北均有栽培。
【繁殖】播种。

【应用】杂交种较多，花大美丽，花期长，适应性强，全国各地均有栽培，适合公园、风景区、社区、校园等花坛、花境、墙隅等栽培观赏，也常盆栽用于室内美化。

瓜叶菊 *Pericallis hybrida*
菊科瓜叶菊属

【识别要点】多年生草本。茎直立，密被白色长柔毛。叶具柄，叶片大，肾形至宽心形，有时上部叶三角状心形，顶端急尖或渐尖，基部深心形，边缘不规则三角状浅裂或具钝锯齿。头状花序直径3～5cm，多数，在茎端排列成宽伞房状；小花紫红色、淡蓝色、粉红色或近白色，舌片开展，长椭圆形；管状花黄色。瘦果长圆形。

【花果期】花期1～5月；果期夏至秋。
【产地】原产大西洋加那利群岛。我国南北均有栽培。
【繁殖】播种。

【应用】开花繁茂，花色清新，是著名的盆栽花卉，多用于装饰阳台、窗台、客厅或卧室等处，也可植于花坛或用于园林景观。

长寿花

Kalanchoe blossfeldiana
多花伽蓝菜
景天科伽蓝菜属

【识别要点】多年生肉质草本，株高10～30cm。叶肉质，交互对生，长圆状匙形，深绿色。圆锥状聚伞花序，小花高脚碟状，花色有绯红、桃红、橙红、黄、橙黄和白等，有单瓣、重瓣。果实为蓇葖果。

【花果期】花期冬至春。
【产地】马达加斯加。
【繁殖】扦插。

【应用】栽培品种繁多，花色丰富，有白色系、黄色系、橙色系、粉色系、红色系、紫色系等，为我国民间常见栽培的多肉植物，可用于布置窗台、书桌、案头等处。多用此花送于长者，寓意长寿。

天竺葵 *Pelargonium hortorum*

牻牛儿苗科天竺葵属

【识别要点】多年生草本。茎直立，基部木质化，上部肉质，多分枝或不分枝，具明显的节。叶互生，托叶宽三角形或卵形，叶片圆形或肾形，茎部心形，边缘波状浅裂，具圆形齿，两面被透明短柔毛，表面叶缘以内有暗红色马蹄形环纹。伞形花序腋生，具多花，总花梗长于叶，总苞片数枚，宽卵形，花瓣红、橙红、粉红或白色，宽倒卵形。果实为蒴果。

【花果期】花期初冬至翌年夏初；果期春至夏。

【产地】原产非洲南部。我国各地普遍栽培。

【繁殖】播种、扦插。

【应用】花叶俱美，可用于公园、绿地、风景区造景，也可盆栽，用于阳台、窗台、卧室、书房等装饰；叶具特殊气味，可提取精油及香料。

小岩桐

Gloxinia sylvatica
小圆彤
苦苣苔科苦乐花属

【识别要点】多年生肉质草本，株高15～30cm。全株具细毛。成株因地下横走茎生出多数幼苗而成丛状。叶对生，披针形或卵状披针形。花1～2朵腋生，花梗细长，花冠橙红色。果实为蒴果。

【花果期】花期10月至翌年3月；冬季为盛花期。
【产地】秘鲁及玻利维亚。
【繁殖】分株、扦插。

【应用】花朵奇特雅致，开花热烈，适合公园、庭院等小岸边、路边栽培观赏，盆栽可用于阳台、窗台等装饰。

金鱼花 *Nematanthus gregarius*
袋鼠花、河豚花
苦苣苔科袋鼠花属

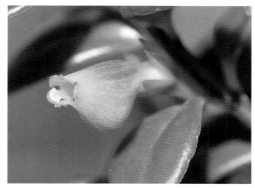

【识别要点】年生常绿草本，株高20～30cm。叶对生，椭圆形，革质，具光泽。花橘黄色，单生于叶腋，中部膨大，先端尖缩，状似金鱼嘴。果实为蒴果。

【花果期】花期冬至春。
【产地】巴西。
【繁殖】扦插。

【应用】花形奇特，花开繁茂，为盆栽佳品，可用于阳台、窗台或卧室、书桌等处摆放或吊盆栽培观赏。

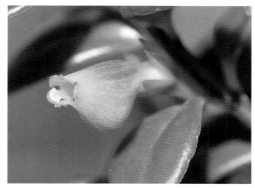

草本花卉

香雪兰
Freesia refracta
小菖兰、小苍兰
鸢尾科香雪兰属

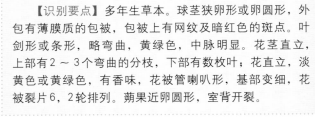

【识别要点】多年生草本。球茎狭卵形或卵圆形，外包有薄膜质的包被，包被上有网纹及暗红色的斑点。叶剑形或条形，略弯曲，黄绿色，中脉明显。花茎直立，上部有2～3个弯曲的分枝，下部有数枚叶；花直立，淡黄色或黄绿色，有香味，花被管喇叭形，基部变细，花被裂片6，2轮排列。蒴果近卵圆形，室背开裂。

【花果期】花期冬末至春季。

【产地】原产非洲南部。我国南北均有栽培。

【应用】栽培品种繁多，有紫色、红色等，且有重瓣种，具芳香，为著名的室内盆栽观花植物，适合阳台、窗台、案几上摆放观赏。

风信子

Hyacinthus orientalis
五彩水仙
百合科风信子属

【识别要点】多年生草本。鳞茎球形或扁球形。叶基生，叶片肥厚，带状披针形。花茎从叶茎中央抽出，略高于叶，总状花序，漏斗形；小花基部筒状，上部4裂、反卷；花有红、白、黄、蓝、紫等色，有重瓣品种，具芳香。蒴果球形。

【花果期】自然花期3～4月。多催花于春节应用。

【产地】原产欧洲南部。我国南北均有栽培。

【繁殖】分球。

【应用】花繁密，芳香，我国引种栽培多用作年宵花，常盆栽用来装饰阳台、窗台、案几等，也可水养用于餐台、书桌等摆放观赏。在长江及黄河流域可地栽用于花境、花坛装饰。

杂交百合

Lilium hybrida
百合花
百合科百合属

【识别要点】多年生草本，鳞茎近球形，株高60～150cm。叶散生，矩圆状披针形或披针形，先端尖，基部近楔形。总状花序生茎顶，花被片有黄、橘黄、红、橙等色，被片开张。果实为蒴果。

【花果期】依品种不同而异，一般花期春至夏，广州多于冬季应用。

【产地】园艺杂交种，我国南北均有栽培。

【繁殖】分球。

【应用】花大色艳，我国南北均有种植，为著名的观花植物，多用于公园、风景区等园路边、花坛、林缘处造景，也可盆栽用于阳台、天台等绿化或用作插花。

宫灯百合

Sandersonia aurantiaca
提灯花
百合科提灯花属

【识别要点】多年生球根草本，株高约60cm。叶片互生，线形或披针形，无柄。花冠球状钟形，似宫灯，橘黄色，下垂。果实为蒴果。

【花果期】花期冬至春；果期春至夏。

【产地】南非。

【繁殖】播种、块根。

【应用】花形奇特，极美丽，华南地区多盆栽，适合阳台、窗台或卧室等栽培观赏。

紫背天鹅绒竹芋 *Calathea warscewiczii*
竹芋科肖竹芋属

【识别要点】具地下根茎，株高50～60cm。叶单生，长椭圆形，叶片有光泽，暗紫红色，中间为绿色斑块，背面紫色，先端尖，基部楔形，全缘，叶柄长。苞片黄白色，小花白色。果实为蒴果。

【花果期】花期冬季。
【产地】原产南美洲的热带雨林中。
【繁殖】分株。

【应用】叶美观，花奇特，为极佳的观花植物，可丛植于园路边、墙垣边、滨水岸边或庭院一角欣赏。

波浪竹芋

Calathea rufibara `Wavestar`
浪星竹芋、浪心竹芋
竹芋科肖竹芋属

【识别要点】多年生常绿草本，株高20～50cm。叶丛生，叶基稍歪斜，叶缘波状，具光泽。叶面为绿色或带有淡紫色，叶背、叶柄为紫色，叶面、叶背被短茸毛。花矮于叶，多数，黄色。果实为蒴果。

【花果期】花期冬末春初。
【产地】栽培种。
【繁殖】分株。

【应用】株形美观，多盆栽用于卧室、客厅、书房等处观赏。园林中常栽培于稍庇荫的路边、墙垣边。

鹤望兰

Strelitzia reginae
极乐鸟
芭蕉科鹤望兰属

【识别要点】多年生草本，无茎。叶片长圆状披针形，顶端急尖，基部圆形或楔形，下部边缘波状。花数朵，下托一佛焰苞；佛焰苞舟状，绿色，边紫红，萼片披针形，橙黄色，箭头状花瓣基部具耳状裂片，和萼片近等长，暗蓝色；雄蕊与花瓣等长。果实为蒴果。

【花果期】花期冬季。
【产地】原产非洲南部。
【繁殖】播种、分株。

【应用】花形奇特，似一只遥望远方的天堂鸟，可种植于花坛、草地边缘、墙垣边观赏，也常用于盆栽装饰厅堂、会议室及居室。鹤望兰为著名的切花，常在插花作品中作为主花。

春兰 *Cymbidium goeringii*
兰科兰属

【识别要点】地生草本。假鳞茎较小，卵球形，包藏于叶基之内。叶4～7枚，带形，通常较短小，下部常多少对折而呈 V 形，边缘无齿或具细齿。花葶从假鳞茎基部外侧叶腋中抽出，直立，极罕更高，明显短于叶；花序具单朵花，极罕 2 朵；花色泽变化较大，通常为绿色或淡褐黄色而有紫褐色脉纹，有香气。蒴果狭椭圆形。

【花果期】花期 1～3 月。

【产地】陕西、甘肃、江苏、安徽、浙江、江西、福建、台湾、河南、湖北、湖南、广东、广西、四川、贵州、云南。生于海拔 300～2 200m 多石山坡、林缘、林中透光处，在台湾可上升到 3 000m。日本与朝鲜半岛南端也有。

【繁殖】分株。

【应用】为著名的观赏兰花，在我国栽培广泛，多盆栽用于厅堂观赏，园林中也可植于庇荫的路边、墙垣边或庭园一隅欣赏。

大花蕙兰 *Cymbidium hybrid* (Standard type)
兰科兰属

【识别要点】多年常绿草本，株高30～150cm。叶丛生，带状，革质。花梗由假球茎抽出，每梗着花数十朵，花色有红、黄、翠绿、白、复色等。果实为蒴果。

【花果期】自然花期春季。目前采用催花方法提前于冬季开花，用于春节应用。

【产地】杂交种。生产上常用组培法大量繁殖。

【繁殖】分株。

【应用】花美丽，花期长，代表丰盛祥和、高贵雍容。多盆栽用于室内花架、阳台、窗台、办公室、会议室、宾馆的厅堂装饰，也常用于园林景观造景。

垂花蕙兰

Cymbidium hybrid (Cascade type)
垂兰
兰科兰属

【识别要点】多年常绿草本，株高30～150cm。叶丛生，带状，革质。花梗由假球茎抽出，每梗着花数十朵，花梗弯垂，花较小，花色丰富，多白、褐、翠绿、复色等。果实为蒴果。

【花果期】自然冬春季。
【产地】园艺种。
【繁殖】分株。生产上常用组培法大量繁殖。

【应用】花序弯垂，奇特而美丽，著名的品种有开心果、绿洲等。花期长，多盆栽用于室内花架、案几等装饰。大部分品种岭南地区种植可在春节前后开花，是近几年来年宵花卉市场上的新秀和宠儿。

杂交兰 *Cymbidium hybrid* (Mini type)
兰科兰属

【识别要点】多年常绿草本，具假球茎。叶丛生，带状，革质。花梗由假球茎抽出，直立，每梗着花数朵至数十朵，花较小，花色繁多，有红、黄、白、绿及复色等。果实为蒴果。

【花果期】自然花期冬春季。有建兰血统的杂交兰可在秋冬季开花。

【产地】园艺种。

【繁殖】分株。生产上常用组培法大量繁殖。

【应用】本种为目前商品化生产较多的兰花品种，如常见的黄金小神童、东方红等。花美丽，花期长，多盆栽用于室内厅堂装饰，也适合用于园林景观造景。

墨兰

Cymbidium sinense
报岁兰
兰科兰属

【识别要点】地生草本。假鳞茎卵球形，包藏于叶基之内。叶3～5枚，带形，近薄革质，暗绿色，有光泽。花葶从假鳞茎基部发出，直立，长（40～）50～90cm，一般略长于叶；总状花序具10～20朵或更多的花；花的色泽变化较大，较常为暗紫色或紫褐色而具浅色唇瓣，也有黄绿色、桃红色或白色的，一般有较浓的香气。果实为蒴果。

【花果期】花期冬至春。

【产地】安徽南部、江西、福建、台湾、广东、海南、广西、四川、贵州西南部和云南。生于林下、灌木林中或溪谷旁湿润但排水良好的荫蔽处，海拔300～2 000m。印度、缅甸、越南、泰国、琉球群岛也有。

【繁殖】分株。

【应用】本种开花繁茂，为传统年花之一，多用于居家装饰，也可用于公园、风景区等林下栽培观赏。

莲瓣兰 *Cymbidium tortisepalum*
兰科兰属

【识别要点】地生草本。假鳞茎较小，卵球形，包藏于叶基之内。叶4～7枚，带形，较长，质地柔软，弯曲，下部常多少对折而呈V形，边缘无齿或具细齿。花2～4（～5）朵；花苞片长于或等长于花梗和子房，披针形；萼片与花瓣扭曲或不扭曲。果实为蒴果。

【花果期】花期12月至翌年3月。

【产地】台湾与云南西部。生于草坡或透光的林中或林缘，海拔800～2000m。

【繁殖】分株。

【应用】为著名的观赏兰花，云南等地栽培较多，花美丽，色泽丰富，观赏性极佳，多盆栽用于室内观赏。

春剑 *Cymbidium tortisepalum* var. *longibracteatum*
兰科兰属

【识别要点】地生草本。假鳞茎较小，卵球形，包藏于叶基之内。叶4～7枚，带形，质地坚挺，直立性强。花葶从假鳞茎基部外侧叶腋中抽出，直立，花3～5（～7）朵；花苞片长于花梗和子房，宽阔，常包围子房；萼片与花瓣不扭曲。果实为蒴果。

【花果期】花期1～3月。

【产地】四川、贵州和云南。生于杂木丛生的山坡多石之地，海拔1 000～2 500m。

【繁殖】分株。

【应用】性耐寒，易栽培，多盆栽用于室内的案几、书桌等摆放，园林中可栽培于庇荫的林缘、庭院等地观赏。

105

香港毛兰 *Eria gagnepainii*
兰科毛兰属

【识别要点】假鳞茎相距2～3cm，不膨大，细圆筒形，直立。茎顶端着生2枚叶。叶长圆状披针形或椭圆状披针形，先端渐尖，基部收窄，无柄。花序1（～2）个，着生于假鳞茎顶端两叶之间，具10余朵或更多的花，花黄色；中萼片长圆状椭圆形，侧萼片镰状披针形，花瓣长圆状披针形，稍弯曲；唇瓣轮廓近圆形或卵圆形。果实为蒴果。

【花果期】花期冬末至春季。

【产地】海南、香港、云南和西藏。生林下岩石上。越南也有。

【繁殖】分株。

【应用】花美丽，极易开花，除盆栽欣赏外，也适合植于庇荫的山石上或疏林下观赏。

杏黄兜兰 *Paphiopedilum armeniacum*
兰科兜兰属

【识别要点】地生或半附生草本。地下具细长而横走的根状茎。叶基生，2列，5～7枚；叶片长圆形，坚革质，先端急尖或有时具弯缺与细尖，上面有深浅绿色相间的网格斑，背面有密集的紫色斑点并具龙骨状突起，边缘有细齿。花葶直立，顶端生1花；花大，纯黄色，中萼片卵形或卵状披针形，合萼片与中萼片相似，花瓣大，宽卵状椭圆形、宽卵形或近圆形；唇瓣深囊状，近椭圆状球形或宽椭圆形。果实为蒴果。

【花果期】花期冬末至春季。

【产地】云南。生于海拔1 400～2 100m的石灰岩壁积土处或多石而排水良好的草坡上。缅甸可能也有。

【繁殖】分株。

【应用】花金黄色，极为美丽，与硬叶兜兰并称为"金童玉女"，多盆栽用于室内观赏。

摩帝兜兰 *Paphiopedilum* 'Maudiae'
兰科兜兰属

【识别要点】地生草本。茎短，包藏于2列的叶基内。叶基生，2列，多枚，对折。叶片狭椭圆形，上具不规则斑纹，基部叶鞘互相套叠。花葶从叶丛中长出，较长，单花；花大，中萼片较大，直立，2枚侧萼片合生，先端具突尖；花瓣近带形，向两侧伸展，稍下垂，上具斑点或条纹；唇瓣深囊状或盔状，囊口宽大。果实为蒴果。

【花果期】冬季。
【产地】园艺种。
【繁殖】分株。生产上常用组培法。

【应用】花大美丽，为优良的观赏兰花，多盆栽用于室内观赏，也适合用于兰花景观，植于庇荫的树下观赏。

肉饼兜兰

Paphiopedilum 'Pacific Shamrock'
兰科兜兰属

【识别要点】地生草本。根状茎不明显。茎短，包藏于2列的叶基内，通常新苗发自老茎基部。叶基生，数枚，2列，对折；叶片带形，两面绿色，背面有时有淡红紫色斑，基部叶鞘互相套叠。花葶从叶丛中长出，长或短，单花；中萼片较大，直立，2枚侧萼片合生，花瓣形长圆形，向两侧伸展，稍下垂；唇瓣深囊状、椭圆形，囊口宽大。果实为蒴果。

【花果期】冬季。
【产地】园艺种。
【繁殖】分株。生产上常用组培法。

【应用】为广受欢迎的兜兰园艺种，目前已规模化生产，多组合盆栽用于盆栽厅堂摆放观赏，园林中也可用于营造兰花景观。

麻栗坡兜兰

Paphiopedilum malipoense
兰科兜兰属

【花果期】 花期12月至翌年3月。

【产地】 广西、贵州西和云南。生于海拔1 100～1 600m的石灰岩山坡林下多石处或积土岩壁上。越南也有。

【识别要点】 地生或半附生草本，具短的根状茎。叶基生，2列，7～8枚；叶片长圆形或狭椭圆形，革质，先端急尖且稍具不对称的弯缺，上面有深浅绿色相间的网格斑，背面紫色或不同程度的具紫色斑点。花葶直立，花黄绿色或淡绿色，花瓣上有紫褐色条纹或多少由斑点组成的条纹，唇瓣上有时有不甚明显的紫褐色斑点，中萼片椭圆状披针形，合萼片卵状披针形。果实为蒴果。

【应用】 较易复花，园林中可用于庇荫的石壁或林下栽培观赏，也常盆栽用于室内美化。

紫毛兜兰 *Paphiopedilum villosum*
兰科兜兰属

【识别要点】地生或附生草本。叶基生，2列，通常4～5枚；叶片宽线形或狭长圆形，先端常为不等的2尖裂，深黄绿色。花葶直立，顶端生1花；花大；中萼片中央紫栗色而有白色或黄绿色边缘，合萼片淡黄绿色；花瓣具紫褐色中脉，中脉的一侧（上侧）为淡紫褐色，另一侧（下侧）色较淡或呈淡黄褐色，唇瓣亮褐黄色而略有暗色脉纹；唇瓣倒盔状。果实为蒴果。

【花果期】花期11月至翌年3月。

【产地】云南。生于海拔1 100～1 700m的林缘或林中树上透光处或多石、有腐殖质和苔藓的草坡上。缅甸、越南、老挝和泰国也有。

【繁殖】分株。

【应用】花大美丽，多盆栽用于室内观赏，也可用于庇荫处营造兰花景观。

彩云兜兰 *Paphiopedilum wardii*
兰科兜兰属

【识别要点】地生草本。叶基生，2列，3～5枚；叶片狭长圆形，先端钝3浅裂，叶面有深浅蓝绿色相间的网格斑，叶背有较密集的紫色斑点。花葶直立，顶端生1花；花瓣绿白色或淡黄绿色而有密集的暗栗色斑点或有时有紫褐色晕，唇瓣绿黄色而具暗色脉和淡褐色晕以及栗色小斑点，退化雄蕊淡黄绿色而有深绿色和紫褐色脉纹。果实为蒴果。

【花果期】花期12月至翌年3月。

【产地】云南西南部。生于海拔1 200～1 700m的山坡草丛多石积土中。缅甸也有。

【繁殖】分株。

【应用】易栽培，极易复花，多盆栽观赏，园林中可用于营造兰花景观，宜植于疏松、排水良好的庇荫林下。

蝴蝶兰 *Phalaenopsis hybrid*
蝶兰
兰科蝴蝶兰属

【识别要点】多年生常绿附生草本，株高50～80cm。根肉质，发达。叶厚，扁平，互生，呈2列排布，椭圆形、长圆状披针形至卵状披针形。总状花序腋生，直立或斜出，具分枝，着花数朵，花大小及色彩依品种不同而不同。果实为蒴果。

【花果期】自然花期春季。目前采用催花方法提前于冬春季开花，用于春节应用。

【产地】栽培种。

【繁殖】生产上常用播种或组培繁殖。

【应用】花期长，花色繁多，是近年来年宵花市销量最大的花卉，已成为年宵的主打产品，主要用于切花生产和盆栽观赏，也常用于温室、花展中造景。

海南钻喙兰

Rhynchostylis gigantea
钻喙兰
兰科钻喙兰属

【识别要点】茎直立，粗壮，具数节，不分枝。具多数2列的叶，叶肉质，彼此紧靠，宽带状，外弯，先端钝并且不等侧2圆裂。花序腋生，下垂，2～4个，通常比叶短，密生许多花；花白色带紫红色斑点，质地较厚，开展；萼片椭圆状长圆形，长12～17mm，宽9～10mm，先端钝，具5条主脉；花瓣长圆形，唇瓣肉质，深紫红色。蒴果倒卵形。

【花果期】花期1～4月；果期2～6月。

【产地】海南。生于海拔约1 000m的山地疏林中树干上。越南、老挝、柬埔寨、缅甸、泰国、马来西亚、新加坡、印度尼西亚也有。

【繁殖】播种、分株。

【应用】花序大，极美丽，栽培种较多，为比较成熟的商品兰花，可盆栽用于室内装饰或附树栽培用于庭院观赏。

纯色万代兰 *Vanda subconcolor*
兰科万代兰属

【识别要点】茎粗壮，长15～18cm或更长，粗约1cm。具多数2列的叶，叶稍肉质，带状，中部以下V形对折，向外弯垂，先端具2～3个不等长的尖齿状缺刻。花序不分枝，疏生3～6朵花；花质地厚，萼片和花瓣在背面白色，正面黄褐色，具明显的网格状脉纹；中萼片倒卵状匙形，侧萼片菱状椭圆形，唇瓣白色，3裂。果实为蒴果。

【花果期】花期冬末至春季。

【产地】海南、云南。生于海拔600～1 000m的疏林中树干上。

【繁殖】播种、分株。

【应用】花美丽，量大，易栽培，多附树栽培用于庭园绿化。

仙客来

Cyclamen persicum
兔耳花、一品冠
报春花科仙客来属

【识别要点】多年生草本。块茎扁球形，具木栓质的表皮，棕褐色，顶部稍扁平。叶和花葶同时自块茎顶部抽出；叶片心状卵圆形，先端稍锐尖，边缘有细圆齿，质地稍厚，上面深绿色，常有浅色的斑纹。花葶高15～20cm，果时不卷缩；花萼通常分裂达基部，花冠白色或玫瑰红色，喉部深紫色，筒部近半球形，裂片长圆状披针形。果实为蒴果。

【花果期】花期12月至翌年5月。

【产地】原产希腊、叙利亚、黎巴嫩等地，现已广泛栽培。

【繁殖】播种。

【应用】花期长，花形奇特美丽，观赏性佳，是世界著名的盆栽花卉，适合布置客厅、书桌、餐桌、窗台等。

欧洲报春

Primula vulgaris
欧报春
报春花科报春花属

【识别要点】多年生草本，被多细胞柔毛，无粉。叶丛基部无鳞片，边缘具牙齿或圆齿，不分裂，基部渐窄。花序伞形或花单生；花异型；花萼钟状，具5棱；花冠黄色。蒴果角质，卵圆形至筒状，顶端短瓣开裂。

【花果期】自然花期秋冬季。广州地区多控制冬季开放用于春节。
【产地】欧洲及非洲。我国南北广泛栽培。
【繁殖】播种、分株。

【应用】花色丰富，为我国常见的盆栽花卉，适合茶几、书桌、窗台等处摆放观赏，偶见用于园林小型景观造景。

蒲包花

Calceolaria crenatiflora
荷包花
玄参科蒲包花属

【识别要点】多年生草本植物，多作一年生栽培，株高约50cm。叶对生或轮生，基部叶片较大，上部叶较小，长椭圆形或卵形。伞形花序顶生，花具二唇花冠，下唇发达，形似荷包。花色有红、黄、粉、白等，有的品种花冠上还密布紫红、深褐或橙红色小斑点。果实为蒴果。

【花果期】花期冬末至春季；果期4～5月。

【产地】原产南美洲。现世界各地广泛栽培。

【繁殖】播种。

【应用】花形极奇特，色泽丰富，常盆栽观赏，用来装饰窗台、阳台、书房、卧室等，园林中偶见用于小型景观。

香堇菜

Viola cornuta
角堇
堇菜科堇菜属

【识别要点】多年生草本，无地上茎，具匍匐枝，根状茎较粗，垂直或斜生。叶基生；叶片圆形或肾形至宽卵状心形，开花期叶片较小，花后叶片渐增大，先端圆或稍尖，基部深心形，边缘具圆钝齿，两面被稀疏短柔毛或近无毛。花较大，深紫色，有香味；萼片长圆形或长圆状卵形，花瓣边缘波状，上方花瓣倒卵形，侧方花瓣里面近基部有短须毛，下方花瓣宽倒卵形。蒴果球形，密被短柔毛。

【花果期】花期冬末至春季，果期夏季。

【产地】欧洲、非洲北部、亚洲西部有野生种。

【繁殖】播种。

【应用】花繁密，适应能力较强，广东有少量栽培，多用于盆栽观赏或布置花坛、花境等。

黑仔树

Xanthorrhoea australis
澳洲黄脂木
黄脂木科黄脂木属

【识别要点】多年生草本植物，茎干可高达7m。常分枝。叶片灰绿色，极细狭，截面呈四边形。穗状花序大，花瓣6，雄蕊白色，5枚。

【花果期】冬至春。
【产地】澳大利亚的新南威尔士及塔斯马尼亚岛。
【繁殖】播种、分株。

【应用】株形奇特，花序美观，叶飘逸可爱，具有异域风情，常用于岩石园或专类园种植观赏，也适合植于庭园、公园、绿地及风景区观赏。

大花水蓑衣 *Hygrophila megalantha*
爵床科水蓑衣属

【识别要点】草本，高30～60cm。茎直立，四棱形，有分枝，无毛。叶狭矩圆状倒卵形至倒披针形，先端圆或钝，基部渐狭，边全缘，侧脉纤细，不明显。花少数，1～3朵生于叶腋内；苞片矩圆状披针形，顶端钝，小苞片狭矩圆形；花冠紫蓝色，外被疏柔毛，冠管下部圆柱形，上部肿胀，上唇钝，下唇短3裂。蒴果长柱形。

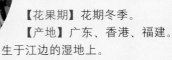

【花果期】花期冬季。

【产地】广东、香港、福建。生于江边的湿地上。

【繁殖】分株、播种。

【应用】为湿生植物，花开于少花的冬季，适合公园、绿地用于水景绿化，多片植。

圆叶节节菜

Rotala rotundifolia
豆瓣菜、水瓜子
千屈菜科节节菜属

【识别要点】一年生草本，各部无毛。根茎细长，匍匐于地上。茎单一或稍分枝，直立，丛生，带紫红色。叶对生，无柄或具短柄，近圆形、阔倒卵形或阔椭圆形，顶端圆形，基部钝形，或无柄时近心形。花单生于苞片内，组成顶生稠密的穗状花序，花序每株1～3个，有时5～7个；花极小，几无梗；花瓣4，倒卵形，淡紫红色，长约为花萼裂片的2倍。蒴果椭圆形，3～4瓣裂。

【花果期】花期12月至翌年5月。

【产地】广东、广西、福建、台湾、浙江、江西、湖南、湖北、四川、贵州、云南等地。生于水田或潮湿的地方。印度、马来西亚、斯里兰卡、日本也有。

【繁殖】分株或扦插。

【应用】性强健，抗性佳，可用于公园、绿地及庭院等水岸边或浅水外栽培观赏，盆栽适合装饰阳台、窗台、案几等。

参考文献

段公路．1936．北户录．丛书集成初编本．上海：商务印书馆．

广州市芳村区地方志编辑委员会．1993．岭南第一花乡．广州：花城出版社．

何世经．1998．小榄菊艺的历史和现状．广东园林（4）：47—48．

李少球．2004.羊城迎春花市的沉浮．广州：花卉研究20年——广东省农业科学院花卉研究所建所20周年论文选集．

梁修．1989．花棣百花诗笺注．梁中民，廖国媚笺注．广州：广东高等教育出版社．

凌远清．2013.明清以来陈村花卉种植的历史变迁．顺德职业技术学院学报，11(1)：6—90．

刘恂．2011.历代岭南笔记八种．鲁迅，杨伟群点校．广州：广东人民出版社．

倪金根．2001.陈村花卉生产历史初探．广东史志(1)：27—32．

屈大均．1985．广东新语．北京：中华书局．

孙卫明．2009.千年花事．广州：羊城晚报出版社．

徐晔春，朱根发．2012.4 000种观赏植物原色图鉴．长春：吉林科学技术出版社．

中国科学院中国植物志编辑委员会．1979—2004.中国植物志．北京：科学出版社．

周去非．1936．岭外代答．丛书集成初编本．上海：商务印书馆．

周肇基．1995.花城广州及芳村花卉业的历史考察．中国科技史料，16(3)：3—15．

朱根发，徐晔春．2011.名品兰花鉴赏经典．长春：吉林科学技术出版社．

四季花木总索引

中文名索引

A

阿勃勒/夏25
矮桄榔/春129
矮牵牛/秋158
矮紫金牛/春117
安祖花/冬69
鞍叶藤/夏118
暗罗/秋2
凹叶球兰/夏119
澳洲茶/冬37
澳洲胡桃/春83
澳洲黄花树/秋23
澳洲黄脂木/冬120
澳洲坚果/春83
澳洲米花/春105
澳洲苏铁/秋29
澳洲鸭脚木/夏7

B

八宝树/春93
八角金盘/秋39
八角乌/秋122
八仙花/夏96
巴西含羞草/秋140

巴西苘麻/秋97
巴西蟹爪/冬77
巴西野牡丹/秋63
巴西鸢尾/春201
芭蕉红/夏188
白斑叶龟背竹/夏115
白草果/秋163
白蟾/春137
白炽花/秋56
白吊钟/春131
白杜鹃/春84
白萼赪桐/春175
白饭树/春11
白狗牙/夏61
白鹤芋/夏152
白蝴蝶/夏116
白花丹/秋75
白花鹤望兰/夏191
白花拟万代兰/夏213
白花泡桐/春91
白花酸藤果/冬55
白花酸藤子/冬55
白花梭鱼草/春278
白花藤/秋75
白花铁富豆/秋141
白花谢三娘/秋75

白花苔菜/秋165
白花羊蹄甲/春47
白花洋紫荆/春47
白花油麻藤/春162
白花紫荆/春47
白灰毛豆/秋141
白鸡烂树/冬41
白金汉/冬12
白金汉木/冬12
白晶菊/冬85
白兰/夏39
白兰花/夏39
白木香/春97
白旗兜兰/秋152
白千层/秋21
白树/春36
白雪姬/秋115
白玉兰/夏39
白缘文殊兰/夏146
白掌/夏152
百合花/冬94
百合蝎尾蕉/夏186
百日草/秋131
百日红/夏31，夏142
百日菊/秋131
百香果/夏136

百枝莲/春181

斑克木/秋7

斑叶心叶球兰/夏119

板蓝/冬61

版纳蝴蝶兰/春260

半边黄/夏56

蚌花/夏160

薄叶唇柱苣苔/秋135

宝莲花/冬33

宝塔姜/夏224

报岁兰/冬103

豹斑竹芋/夏183

爆仗红/秋139

贝拉球兰/秋80

匕蒙藤/春148

彼岸花/秋104

荜鞘姜/夏226

闭鱼花/春112

鼻冬茄/秋158

鼻玉兰/春225

萹草/春244

萹担藤/春177

萹黄草/春244

萹金钗/春244

萹藤/春177

变叶珊瑚/秋46

变木患/夏52

槟榔/春75

槟榔葵/春74

槟榔子/春75

膊树/春36

波浪竹芋/冬97

波斯菊/秋119

波璃翠/夏155

波璃苣/夏156

菠萝/夏220

步步登高/秋131

C

彩苞鼠尾草/夏175

彩虹竹芋/夏182

彩色马蹄莲/冬72

彩叶草/夏173

彩云兜兰/冬112

菜豆树/夏10

草本象牙红/夏166

草本一品红/夏166

草桂花/秋134

叉孢苏铁/冬4

叉唇万代兰/夏212

叉叶木/夏8

茶花/冬16

茶梅/冬18

茶梅花/冬18

潺槁木姜子/夏23

潺槁树/夏23

嫦娥奔月/夏128

长瓣兜兰/夏205

长柄合果芋/夏116

长春花/秋37

长萼马醉木/春132

长隔木/秋65

长喙花生/春204

长芒杜英/夏20

长寿花/冬88

长苏石斛/夏199

长穗鱼尾葵/夏47

长序润楠/冬5

朝开暮落花/夏77

车轮梅/春136

沉香/春97

赪桐/夏102

橙柄草/春208

橙花羊蹄甲/春159

橙黄玉凤花/夏202

秤星树/春103

齿叶吊钟花/春131

齿叶水蜡烛/秋166

齿缘吊钟花/春131

赤叶柴/夏29

翅萼石斛/春230

翅梗石斛/春247

翅荚槐/夏72

翅荚决明/夏72

冲天槿/秋59

茺蔚/夏174

臭牡丹/夏101

重瓣臭茉莉/夏103

重瓣空心泡/夏88

重瓣蔷薇莓/夏88

雏菊/秋116

楚雄蝶兰/春261

褚桃/春65

船唇兰/夏213

串钱柳/春68

串珠石斛/夏201

垂花蕙兰/冬101

垂花水竹芋/夏236

垂花悬铃花/秋58

垂兰/冬101

垂茉莉/秋77

垂筒花/冬65

垂笑君子兰/夏143

垂枝红千层/春68

垂枝无忧树/春54

春花/春136

春剑/冬105

春兰/冬99

春俏菊/冬81

春石斛兰/春238

春羽/春184

春云实/春161

纯唇石斛/夏199

纯色万代兰/冬115
唇柱苣苔/秋136
慈姑花/冬71
刺番荔枝/春13
刺果番荔枝/春13
刺梨子/春170
刺桐/春52
刺血红/冬20
刺叶非洲苏铁/秋28
刺叶非洲铁/秋28
葱兰/秋105
葱莲/秋105
丛立椰子/春76
粗柄含笑/春59
粗糠仔/夏100
粗壳澳洲坚果/春83
粗栀子/春138
脆花兰/秋145
翠锦口红花/夏68
翠芦莉/夏141
翠鸟蝎尾蕉/夏184

D

达科他州金色堆心菊/冬84
大百解薯/春153
大苞闭鞘姜/夏225
大苞鞘石斛/春249
大宝塔/秋167
大波斯菊/秋119
大萼马醉木/春132
大岗茶/春25
大果蜡瓣花/冬25
大果木兰/夏36
大果木莲/夏36
大果油麻藤/春163
大还魂/春98
大鹤望兰/夏191

大红花/夏75
大红袍/夏101
大花第伦桃/春30
大花独蒜兰/夏209
大花蕙兰/冬100
大花金钱豹/夏124
大花君子兰/冬64
大花老鸦嘴/夏107
大花马齿苋/夏214
大花曼陀罗/夏53
大花美人蕉/春191
大花茄/春92
大花软枝黄蝉/春147
大花双色茉莉/秋69
大花水蓑衣/冬121
大花田菁/秋17
大花五桠果/春30
大花犀角/秋107
大花樱麒麟/夏123
大花鸳鸯茉莉/秋69
大花紫薇/夏33
大花紫玉盘/春146
大尖囊兰/夏207
大金香炉/夏80
大蓝靛/春16
大理菊/冬82
大丽花/冬82
大猫儿刺/秋41
大藻/夏231
大石龙尾/秋167
大酸味草/春268
大王龙船花/秋66
大吴风草/秋122
大岩桐/夏169
大叶斑鸠菊/秋8
大叶春不老/春117
大叶过路黄/夏217
大叶红草/冬63

大叶鸡菊花/秋8
大叶马兜铃/春153
大叶木麒麟/夏123
大叶牛尾树/春19
大叶排草/夏217
大叶仙茅/夏147
大叶相思/秋13
大叶紫薇/夏33
大翼豆/秋95
带叶兜兰/春257
袋鼠花/冬91
丹若/夏48
单刀根/夏24
单果猴欢喜/秋10
单生鱼尾葵/夏47
单性木兰/夏41
单叶蔓荆/夏104
倒地铃/夏140
倒挂金钟/秋73
德保苏铁/春26
灯花树/春103
灯笼花/夏74，夏76，秋73，冬40
等萼卷瓣兰/春228
等萼石豆兰/春228
滴水观音/秋106
地脚苍/夏78
地金莲/夏189
地母草/夏174
地苍/夏78
地涌金莲/夏189
地涌莲/夏189
帝王罗氏竹芋/夏179
第伦桃/夏18
滇桂木莲/夏35
滇桂石斛/春236
滇缅隔距兰/春220
电线兰/夏115

吊灯扶桑/夏76
吊灯树/秋6
吊瓜树/秋6
吊兰/夏177
吊钟百子莲/春207
吊钟海棠/秋73
吊钟花/冬41
蝶豆/夏134
蝶兰/冬113
丁公藤/夏127
冬红/冬49
董棕/夏46
豆瓣菜/冬122
豆腐花/夏61
豆梨/春86
毒鱼草/春112
杜虹花/夏100
杜鹃/春134
杜鹃红山茶/秋76
杜鹃叶山茶/秋76
杜梨/春86
短棒石斛/春229
短萼灰叶豆/秋141
短穗鱼尾葵/春77
断肠草/春102，秋40
钝齿鱼尾葵/夏46
钝钉头果/夏62
钝叶鸡蛋花/夏3
钝叶缅栀子/夏3
钝叶鱼木/夏14
钝叶紫金牛/冬35
多果弥猴桃/夏108
多花脆兰/秋145
多花伽蓝菜/冬88
多花兰/春224
多花蔓性野牡丹/春165
多花猕猴桃/夏108
多花指甲兰/夏195

多花紫薇/秋18
多裂鱼黄草/秋90
多叶羽扇豆/夏176

E

莪术/春274
儿茶/春43
耳果相思/秋13
耳荚相思/秋13
耳叶相思/秋13
二列叶虾脊兰/春218
二乔木兰/冬9
二乔玉兰/冬9

F

发财树/夏13
番木鳖/夏131
番樱桃/春121
方叶球兰/秋81
芳草花/夏153
芳香指甲兰/夏194
飞凤花/夏63
非洲百日草/秋126
非洲凤仙花/夏155
非洲芙蓉/冬45
非洲堇/夏168
非洲菊/冬83
非洲凌霄/秋82
非洲万寿菊/冬86
非洲紫罗兰/夏168
菲岛福木/春39
绯樱/冬14
粉苞酸脚杆/冬33
粉萼花/夏94
粉萼金花/夏94
粉萼鼠尾草/秋137

粉红木棉/春24
粉花决明/夏26
粉花山扁豆/夏26
粉花石斛/春241
粉花绣线菊/夏89
风船葛/夏140
风兰/春256
风信子/冬93
风雨花/夏149
烽火树/春22
蜂出巢/夏63
凤凰木/夏27
凤梨/夏220
凤尾蕉/夏16
凤尾兰/秋35
凤尾丝兰/秋35
凤仙花/秋108
凤眼果/春96
凤眼蓝/夏242
凤眼莲/夏242
佛肚树/秋47
佛见笑/夏88
扶郎花/冬83
扶桑/夏75
芙蕖/夏237
芙蓉花/秋57
芙蓉菊/秋43
芙蓉莲/夏231
辐叶鹅掌柴/夏7
福建山樱花/冬14
福木/春39
福树/春39
俯茎胼胝兰/夏207
复羽叶栾树/夏51
富红蝎尾蕉/春213

G

盖喉兰/春266
盖裂木/春62
干枝梅/冬13
岗茶/冬47
岗稔/春123
港口马兜铃/夏117
高斑叶兰/春254
高大矛花/春179
高根/春38
高红槿/冬10
格木/夏29
宫灯百合/冬95
宫灯长寿花/秋132
宫粉悬铃花/秋60
宫粉羊蹄甲/春46
狗尾红/冬22
狗牙花/夏61
枸骨/春17
构树/春65
古城玫瑰树/秋3
鼓槌石斛/春232
固唇兰/春267
瓜栗/夏12
瓜叶菊/冬87
挂兰/夏177
观光木/春60
莞香/春97
光萼唇柱苣苔/秋135
光荚含羞草/秋52
光叶白兰花/冬7
光叶丁公藤/夏127
光叶绣线菊/夏89
广宁红花油茶/冬19
广西马兜铃/春153
广玉兰/夏38
桄榔/夏45

龟背莲/夏115
龟背竹/夏115
龟甲木棉/春24
鬼切芦荟/春206
桂花/秋24
桂树/秋11
桂叶黄梅/春127
桂叶山牵牛/春143
国王红千层/春119
果榜/夏46
过塘草/秋168

H

蛤蟆草/秋168
孩儿茶/春43
海岸斑克木/秋7
海边月见草/夏193
海滨月见草/夏193
海常山/春140
海芙蓉/夏193
海红豆/春45
海麻/夏42
海芒果/春14
海杧果/春14
海南菜豆树/春19
海南大风子/春38
海南胆八树/夏21
海南木莲/春56
海南蒲桃/冬11
海南三七/春275
海南山奈/春275
海南苏铁/夏15
海南西番莲/冬57
海南钻喙兰/冬114
海桐/春128
海芋/秋106
含笑/春114

含笑花/春114
含羞草/春205
寒兰/秋148
旱金莲/秋100
旱莲花/秋100
旱莲木/夏44
号角树/春66
禾雀花/春162
合果芋/夏116
河豚花/冬91
荷包花/冬118
荷花/夏237
荷花玉兰/夏38
荷木/夏54
荷树/夏54
荷叶七/秋100
褐斑离被鸢尾/春200
鹤顶兰/春259
鹤望兰/冬98
黑节草/春245
黑毛石斛/春250
黑心花/秋127
黑心金光菊/秋127
黑心菊/秋127
黑心树/秋15
黑眼花/夏106
黑仔树/冬120
红苞花/秋32
红苞木/春41
红背竹芋/春212
红柴/夏55
红唇玉凤花/夏202
红兜兰/夏205
红豆/春45
红萼龙吐珠/春174
红萼苘麻/秋97
红粉扑花/秋49
红果仔/春121

红喉石斛兰/春231
红花闭鞘姜/夏224
红花草凤梨/冬76
红花隔距兰/春220
红花荷/春41
红花继木/春110
红花檵木/春110
红花蕉/夏188
红花栝楼/夏132
红花莲/春181
红花芦莉草/夏58
红花木莲/夏37
红花蕊木/秋38
红花文殊兰/夏144
红花西番莲/春169
红花犀角/秋107
红花羊蹄甲/春159
红花羊蹄甲/冬6
红花银桦/春82
红花楹/夏27
红花紫荆/冬6
红花酢浆草/春268
红黄草/秋129
红鸡蛋花/夏4
红蕉/夏188
红脚兜兰/秋152
红酒杯花/夏6
红龙草/冬63
红龙吐珠/冬58
红楼花/秋32
红毛榴莲/春13
红玫瑰木/秋3
红梅/冬13
红棉/春22
红缅栀子/夏4
红木/夏65
红鹏石斛/夏201
红皮糙果茶/冬15

红鞘水竹芋/夏236
红球姜/夏230
红色木莲/夏37
红穗铁苋菜/冬22
红提灯/秋132
红桐草/夏167
红尾铁苋/春106
红叶槿/秋55
红叶美人蕉/春195
红月见草/秋144
红运当头/冬75
红掌/冬69
红纸扇/夏93
红紫荆/春46
喉红石斛/春231
猴板栗/秋10
猴果/夏22
猴欢喜/秋10
厚壳树/春25
厚皮香/夏55
厚藤/夏129
厚叶白纸扇/春172
厚叶石斑木/冬44
忽地笑/秋103
狐尾木/春178
葫芦树/夏4
蝴蝶果/夏22
蝴蝶花/秋161
蝴蝶兰/冬113
蝴蝶石斛/秋150
虎斑兜兰/夏206
虎刺/秋85
虎刺梅/秋45
虎耳草/春270
虎散竹/夏85
瓠瓜木/秋4
花楸木/春53
花绣球/冬39

花烟草/秋157
花叶扶桑/夏75
花叶假连翘/春141
花叶蔓长春花/春150
花叶美人蕉/春193
花叶栀子/春137
花烛/冬69
华凤仙/秋109
华石龙尾/秋168
华西蝴蝶兰/春261
华胄兰/春181
焕镛木/夏41
皇帝红千层/春119
黄苞蝎尾蕉/夏185
黄茶/冬46
黄蝉/夏59
黄帝菊/秋126
黄萼凤梨/春189
黄冠马利筋/夏153
黄海桐花/春80
黄花草凤梨/春189
黄花葱兰/夏150
黄花风铃木/春21
黄花海桐/春80
黄花夹竹桃/夏6
黄花老鸦嘴/冬50
黄花狸藻/秋169
黄花蔺/秋164
黄花曼陀罗/春139
黄花石蒜/秋103
黄花香荫树/春80
黄花夜香树/秋70
黄花状元竹/夏6
黄槐/秋16
黄槐决明/秋16
黄金菊/秋121
黄金茄/春14
黄金香柳/春122

黄槿/夏42
黄晶菊/冬81
黄菊仔/夏162
黄兰/夏40
黄兰蝉/夏59
黄梁木/夏49
黄脉爵床/春100
黄毛狸藻/秋169
黄缅桂/夏40
黄鸟尾花/夏56
黄牛茶/春108
黄牛木/春108
黄瓶子花/秋70
黄秋英/秋120
黄鳝藤/冬52
黄时钟花/春271
黄水仙/冬67
黄虾花/冬60
黄椰子/夏84
黄玉兰/夏40
黄钟花/夏11
黄钟木/春21
灰刺木/夏30
灰莉/夏30
彗星球兰/夏63
喙荚云实/春160
蕙/春223
蕙兰/春223
活血莲/秋122
火把果/春135
火红萼距花/冬30
火棘/春135
火炬凤梨/春187
火龙果/夏121
火球花/秋102
火烧花/冬2
火筒树/春142
火焰花/春55，冬30

火焰兰/春264
火焰木/春20
火焰树/春20
火燕兰/春183

J

鸡蛋果/夏136
鸡蛋花/夏5
鸡冠/秋101
鸡冠刺桐/春51
鸡冠兜兰/秋152
鸡冠花/秋101
鸡冠爵床/秋32
鸡冠木/春95
鸡矢藤/夏139
鸡屎藤/夏139
鸡爪暗罗/秋2
鸡爪树/秋2
姬凤梨/春186
吉贝/春23
吉贝木棉/春23
极乐鸟/冬98
极香荚蒾/夏67
急解索/夏158
急性子/秋108
髻婆/夏103
檵木/春110
嘉宝果/秋22
嘉德丽亚兰/秋147
嘉庆子/春88
嘉氏羊蹄甲/春159
夹竹桃/夏60
假槟榔/春74
假大头茶/秋76
假杜鹃/冬20
假连翘/春141
假茉莉/春140

假木莲/夏34
假苹婆/春95
假青梅/春103
假乌榄树/春15
假向日葵/秋130
假鹰爪/夏111
尖叶杜英/夏20
坚唇兰/春267
建兰/夏197
剑兰/夏171
剑叶丝兰/秋35
姜荷花/夏227
姜花/秋163
姜芋/秋112
豇豆树/夏10
降香/春50
降香黄檀/春50
降香檀/春50
交剪草/夏170
胶虫树/春48
蕉芋/秋112
角董/冬119
角茎野牡丹/冬34
节果决明/夏26
桔梗/夏159
金苞花/冬60
金杯花/春173
金杯藤/春173
金币树/冬70
金边虎皮兰/冬62
金边虎尾兰/冬62
金茶花/冬46
金钗石斛/春244
金疮小草/春202
金凤花/夏70
金弓石斛/春232
金钩吻/冬54
金花茶/冬46

金姜花/夏229
金莲木/春127
金铃花/夏74
金脉爵床/春100
金脉美人蕉/春193
金鸟赫蕉/夏185
金钮扣/夏165
金蒲桃/秋23
金钱豹/夏124
金钱树/冬70
金雀花/春126
金丝海棠/夏69
金丝莲/夏69
金丝桃/夏69
金线吊芙蓉/春270
金线山菅兰/春209
金香藤/夏114
金腰带/冬38
金叶番薯/秋87
金叶假连翘/春141
金叶拟美花/春99
金叶薯/秋87
金银花/夏125
金银莲花/秋165
金银藤/夏125
金英/秋61
金英花/秋61
金樱子/春170
金鱼草/秋159
金鱼花/冬91
金盏花/秋117
金盏菊/秋117
金钟花/夏11
金珠柳/冬36
金嘴蝎尾蕉/夏187
筋骨草/春202
筋头竹/夏85
堇色西番莲/夏135

锦屏封/夏130
锦绣杜鹃/春133
锦紫苏/夏173
晶晶菊/冬85
晶帽石斛/夏200
九节兰/春223
九里香/春90
九芎/夏32
九重葛/冬56
韭兰/夏149
酒杯花/夏6
酒饼木/春101
酒饼叶/夏111
酒假桃椰/夏46
酒瓶兰/秋1
酒瓶椰/秋26
酒瓶椰子/秋26
酒椰/春79
酒椰子/春77
酒醉芙蓉/秋57
救必应/春18
救军粮/春135
菊花/秋118
巨花马兜铃/春152
聚花草/夏233
聚花过路黄/夏216
聚石斛/春240
君子兰/冬64

K

卡罗来纳茉莉/冬54
卡特兰/秋147
壳菜果/春40
可爱花/秋31
可可椰子/秋25
克鲁兹王莲/夏241
克氏茶/冬15

空凤/春190
空气凤梨/春190
孔雀草/秋129
孔雀豆/春45
孔雀花/秋79
口红花/夏133
苦槛蓝/春125
苦槛盘/春125
苦郎树/春140
苦楝/春64
葵花/秋125
葵树/春78
昆士兰银桦/春82
阔叶半支莲/夏215
阔叶马齿苋/夏215
阔叶猕猴桃/夏108
阔叶蒲桃/春70
阔叶十大功劳/秋41
阔叶铁树/夏105

L

喇叭花/秋89
喇叭水仙/冬67
腊肠树/夏25
腊子树/春35
辣木/秋20
兰蕉/春194
兰树/春16
蓝芙蓉/冬80
蓝蝴蝶/夏134
蓝花草/夏141
蓝花丹/冬39
蓝花丹/夏86
蓝花鼠尾草/秋137
蓝花藤/春176
蓝花楹/夏9
蓝花仔/秋31

蓝茉莉/冬39
蓝目菊/冬86
蓝扇花/春199
蓝树/春16
蓝田竹/春104
蓝星花/秋44
蓝雪花/夏86
蓝猪耳/秋160
郎德木/夏95
浪心竹芋/冬97
浪星竹芋/冬97
老虎芋/秋106
老来娇/冬23
老人皮/秋2
老人须/夏222
老鼠拉冬瓜/春158
乐昌含笑/春58
簕仔树/秋52
蕾芬/秋74
棱果花/冬32
篱笆树/春141
篱栏网/秋91
李/春88
里约红彩叶凤梨/春188
立鹤花/秋34
丽春花/秋155
丽格秋海棠/冬73
栗鳞贝母兰/春221
连理藤/春155
莲/夏237
莲瓣兰/冬104
莲生桂子/夏153
莲雾/春71
莲叶荞菜/春276
楝/春64
两广猕猴桃/夏109
亮叶木莲/春57
量天尺/夏121

临时救/夏216
鳞枇苏铁/夏105
玲甲花/秋14
铃铛花/夏159
铃儿花/冬41
铃花百子莲/春207
铃铃花/冬45
留求子/夏126
流苏石斛/春235
流星球兰/夏63
流血桐/春34
琉璃苣/夏156
硫华菊/秋120
硫黄菊/秋120
瘤瓣兰/秋151
柳叶槙楠/冬28
柳叶润楠/冬28
柳叶树萝卜/冬40
柳叶桃/夏60
柳叶桢楠/冬28
龙船花/夏92
龙角/春38
龙脷叶/冬24
龙楠树/春56
龙舌草/春277
龙舌叶/冬24
龙头花/春183，秋159
龙吐珠/春175
龙味叶/冬24
龙牙花/夏28
龙爪花/秋104
路边黄/夏162
罗汉松/春81
洛阳花/秋114
络石/春149
落雪泥/夏169
旅人蕉/夏190
绿宝树/春19

绿背龟甲/春24
绿玉藤/冬53

M

麻栗坡兜兰/冬110
麻楝/春63
麻雀花/秋79
马鞍藤/夏129
马交儿/春158
马拉巴栗/夏13
马兰头花/秋116
马蓝/冬61
马利筋/夏153
马氏芦荟/春206
马蹄莲/冬71
马尾花/夏163
马缨丹/秋78
蔓花生/春204
蔓茎四瓣果/春165
蔓马缨丹/冬59
蔓枝满天星/冬79
芒果/冬1
杧果/冬1
猫儿刺/春17
猫尾/秋5
猫尾红/春106
猫尾木/秋5
猫须草/夏172
猫须公/夏172
猫爪藤/春156
毛宝巾/冬56
毛萼口红花/夏133
毛果杜英/夏20
毛黄钟花/春21
毛茎夜香树/夏99
毛鹃/春133
毛麻楝/春63

毛棉杜鹃/春84
毛蕊/秋62
帽子花/冬49
玫瑰韭兰/夏151
玫瑰麒麟/夏122
玫瑰茄/秋143
玫瑰秋海棠/冬73
玫瑰石斛/春233
玫瑰竹芋/夏182
梅/冬13
梅花/冬13
梅叶冬青/春103
美冠兰/春253
美花红千层/春118
美花石斛/春241
美花烟草/秋157
美兰菊/秋126
美丽赪桐/冬58
美丽决明/春49
美丽口红花/夏68
美丽龙吐珠/春174
美丽猕猴桃/夏109
美丽秋海棠/夏64
美丽异木棉/冬3
美丽鸢尾/春201
美丽月见草/秋144
美人蕉/春194
美人树/冬3
美蕊花/秋48
美艳凤梨/夏219
美洲含羞草/秋140
美洲槐/春49
迷迭香/冬27
弥猴桃/春145
米花/春105
米花树/春11
米兰/夏82
米老排/春40

米老鼠花/春127
米碎花/冬47
米碎柃木/冬47
米心树/春109
米仔兰/夏82
密花石豆兰/春227
密花石斛/春234
蜜蜂兰/春224
蜜望子/冬1
缅甸树萝卜/秋64
缅木/冬2
缅栀子/夏5
面条树/夏2
摩帝兜兰/冬108
摩尔大泽米/秋29
摩尔苏铁/秋29
魔鬼文心兰/秋154
茉莉/夏83
茉莉花/夏83
茉栾藤/秋91
莫夫人含笑花/冬7
莫娜紫香茶菜/春203
墨兰/冬103
墨西哥鼠尾草/秋138
墨西哥向日葵/秋130
牡丹/春130
木本马兜铃/春151
木本曼陀罗/夏53
木鳖子/夏131
木芙蓉/秋57
木枸杞/春107
木荷/夏54
木槿/夏77
木兰/冬8
木玫瑰/秋92
木棉/春22
木麒麟/秋85
木田菁/秋17

木犀/秋24
木油桐/春37
木子树/春35
穆氏文殊兰/春180

N

纳塔尔刺桐/秋50
南非山梗菜/夏158
南非羊蹄甲/春159
南美假樱桃/春32
南美蟛蜞菊/秋93
南美水仙/冬66
南美苏铁/夏105
南青杞/秋99
南山茶/冬19
南蛇簕/春160
南天竹/春104
南茼蒿/春196
南洋紫薇/秋18
南紫薇/夏32
楠藤/春172
拟蝶唇兰/秋154
拟美花/春99
年青蒲桃/春124
鸟不宿/春17
鸟喙丝兰/春12
鸟舌兰/春216
鸟尾花/夏56
茑萝/夏130
茑萝松/夏130
牛角瓜/秋40
牛皮冻/夏139
牛乳树/秋27
扭肚藤/春166

O

欧报春/冬117
欧夹竹桃/夏60
欧洲报春/冬117

P

爬岩板/春154
攀枝花/春22
攀枝花苏铁/春28
泡桐/春91
炮弹果/春148
炮弹树/秋4
炮仗花/冬52
炮仗竹/夏97
盆架树/夏2
蓬蒿/春196
皮袋香/春115
辟火蕉/夏16
飘香藤/夏113
苹果竹芋/夏181
苹婆/春96
瓶儿花/夏99
萍蓬草/夏238
萍蓬莲/夏238
铺地莲/夏79
匍匐迷迭香/冬27
匍生丝石竹/冬79
蒲包花/冬118
蒲葵/春78
蒲树/春78
蒲桃/春69
蒲桃树/春69

Q

七姐果/春96

七爪金龙/秋90
七爪牵牛花/秋90
麒麟刺/秋45
麒麟火焰兰/春265
麒麟菊/夏163
麒麟吐珠/春178
气球果/夏62
千层金/春122
千层皮/秋21
千年桐/春37
千屈菜/夏234
千日红/秋102
千丈树/夏44
牵牛/秋89
牵牛花/秋89
牵牛藤/秋88
钳唇兰/春252
巧克力光亮凤梨/春185
琴叶珊瑚/秋46
琴叶樱/秋46
青兰/秋148
青梅/夏17
青楣/夏17
青皮/夏17
青苹果竹芋/夏181
青山笼/春163
青蛙兜兰/秋152
青葙/夏142
青鱼胆草/春202
青仔/春75
清明花/春148
擎天凤梨/冬75
箐黄果/夏30
秋菊/秋118
秋石斛兰/秋150
秋英/秋119
球花石斛/春248
球兰/春154

曲管花/冬65

R

人面树/夏1
人面子/夏1
忍冬/夏125
日本绣线菊/夏89
日日春/秋37
日日新/秋37
肉饼兜兰/冬109
软枣猕猴桃/春144
软枝黄蝉/夏112
蕊木/春15
瑞木/冬25
若榴木/夏48

S

三白草/春279
三节梢花竹芋/夏180
三裂蟛蜞菊/秋93
三色凤梨/夏219
三色堇/秋161
三星果/秋96
三星果藤/秋96
三药槟榔/春76
散尾葵/夏84
散尾棕/春129
散血草/夏165
森氏水珍珠菜/秋166
沙漠玫瑰/秋36
砂糖椰子/夏45
山芭蕉罗/春146
山板栗/夏22
山菠萝/冬4
山菜豆/夏10
山茶/冬16

丹/夏92

地杜茎山/冬36

地苙/夏78

矾/春128

桂/秋11

黄枝/春137

姜黄/春274

椒子/春146

蒟/春168

牵牛/夏107

茄子/秋143

石榴/春134

石榴/春170

杨梅/春67

样子/春14

樱花/冬14

油桐/春40

踯躅/春134

指甲/春72

棕/春129

瑚刺桐/夏28

瑚花/秋30

瑚树/夏67

瑚藤/夏137

形蝎尾蕉/春214

叶葵/春78

唇石斛/春243

苞假叶树/秋53

鞭菊/夏163

藤/秋94

王藤/冬57

尾蔓/夏114

眼藤/冬57

干/夏170

红树萝卜/冬40

山含笑/冬7

茶/夏172

唇兰/夏203

十大功劳/秋42

十样锦/夏171

十字架树/夏8

十字爵床/夏56

石斑木/春136

石草鞋/秋81

石桂树/春90

石海椒/春111

石斛/春244

石栗/春33

石榴/夏48

石龙藤/春149

石碌含笑/春61

石楠杜鹃/冬43

石蒜/秋104

石仙桃/春263

石竹/秋114

矢车菊/冬80

使君子/夏126

柿/夏19

柿树/夏19

手树/秋39

守宫木/春107

束花石斛/秋149

束蕊花/秋94

树兰/春251

树梅/春67

树葡萄/秋22

数珠珊瑚/秋74

双翅舞花姜/秋162

双荚黄槐/秋51

双荚决明/秋51

双漫草/春280

双片苣苔/秋136

双色茉莉/秋68

双色喜炮凤梨/冬74

双色野鸢尾/春200

水白菜/春277

水边指甲花/秋109

水车前/春277

水东哥/春11

水浮莲/夏242

水瓜栗/夏12

水瓜子/冬122

水鬼蕉/夏148

水横枝/春137

水葫芦/夏242

水蕉花/夏226

水金英/夏232

水莲木/秋71

水柳/夏234

水柳树/夏21

水葡桃/春69

水芹花/夏239

水榕/夏43

水上一枝黄花/秋169

水石榕/夏21

水树/夏190

水塔花/夏221

水团花/夏90

水翁/夏43

水仙/冬68

水杨梅/夏90

水罂粟/夏232

水竹菜/夏233

水竹芋/夏235

睡莲/夏239

丝梗石斛/春229

丝线吊芙蓉/春84

死不了/夏214

四川苏铁/春29

四季海棠/秋110

四季兰/夏197

四季凌霄/秋84

四季秋海棠/秋110

四君子/夏126

松红梅 /冬37
松萝凤梨 /夏222
松杨 /春25
苏瓣石斛 /春237
苏丹凤仙花 /夏155
苏里南朱缨花 /夏71
苏铁 /夏16
素馨 /秋98
素馨花 /秋98
蒜香藤 /秋83
穗花斑叶兰 /春254
梭果玉蕊 /秋12
梭鱼草 /春278

T

台兰 /春224
台湾根节兰 /春218
台湾柳 /春44
台湾相思 /春44
台湾鱼木 /夏14
太阳花 /夏214
昙花 /夏66
檀香 /夏50
檀香树 /夏50
唐菖蒲 /夏171
唐棉 /夏62
塘边藕 /春179
糖胶树 /夏2
糖梨 /春86
糖棕 /夏45
桃 /春85
桃花 /春85
桃金娘 /春123
陶古日 /春85
特丽莎香茶菜 /春203
腾冲石斛 /春249
藤茄 /秋99

提灯花 /冬95
天宝花 /秋36
天葱 /冬68
天料木 /秋9
天绿香 /春107
天茄儿 /夏128
天使花 /夏244
天竺葵 /冬89
天竺牡丹 /冬82
跳舞兰 /秋151
跳舞女郎 /冬50
铁刀木 /秋15
铁冬青 /春18
铁海棠 /秋45
铁脚板 /春154
铁皮石斛 /春245
铁色箭 /秋103
铁树 /冬21
挺拔蝎尾蕉 /春215
同瓣草 /夏157
同色兜兰 /夏204
铜锤玉带草 /秋111
铜盆花 /冬35
铜皮石斛 /春242
荼蘼花 /夏88
土沉香 /春97
兔耳花 /冬116
兔耳兰 /夏198
团花 /夏49

W

弯曲堆心菊 /秋124
万寿菊 /秋128
万字茉莉 /春149
王妃藤 /春157
王莲 /夏240
王子薯 /春157

网球花 /春182
网球石蒜 /春182
忘忧草 /夏178
文丁果 /春32
文定果 /春32
文殊兰 /夏145
文藤 /夏113
文心兰 /秋151
文珠兰 /夏145
纹瓣兰 /春222
纹瓣悬铃花 /夏74
蚊母 /春109
蚊母树 /春109
乌桕 /春35
乌楣 /冬11
乌墨 /冬11
乌爪簕藤 /春161
无忧花 /春54
吴福花 /春113
五彩凤梨 /夏219
五彩水仙 /冬93
五狗卧花 /秋40
五敛子 /春73
五色梅 /秋78
五桠果 /夏18
五爪金龙 /秋88
五爪龙 /秋88
五指枫 /春142
舞春花 /秋156
舞花姜 /夏228
舞女兰 /秋151
舞女蒲桃 /秋72

X

西鹃 /冬42
西洋白花菜 /秋113
西洋杜鹃 /冬42

西洋红/秋139
希茉莉/秋65
悉尼火百合/春179
锡兰杜英/春31
锡兰橄榄/春31
锡兰榄/春31
喜花草/秋31
喜炮凤梨/冬74
喜树/夏44
喜荫花/夏167
细点根节兰/夏196
细茎石斛/春242
细米草/夏158
细叶尊距花/秋54
细叶颚唇兰/春255
细叶石仙桃/春262
细叶水团花/夏91
细叶野牡丹/夏79
虾衣草/春178
虾衣花/春178
虾仔花/春113
虾爪凤梨/夏223
狭叶半边莲/秋111
狭叶十大功劳/秋42
夏堇/秋160
仙湖苏铁/春27
仙客来/冬116
仙人指/冬77
鲜艳杜鹃/春133
显著蝎尾蕉/春215
现代月季/夏87
香草兰/春167
香港毛兰/冬106
香桄榔/春129
香花球兰/秋81
香花指甲兰/夏194
香荚兰/春167
香堇菜/冬119

香菊/秋43
香木莲/夏34
香苹婆/春94
香殊兰/春180
香雪兰/冬92
香雪球/秋133
香樟/春42
向日葵/秋125
象鼻棕/春79
象腿树/秋1
橡胶紫茉莉/夏118
小蚌花/夏160
小苍兰/冬92
小菖兰/冬92
小唇兰/春252
小蝶兰/春261
小茯桑/秋59
小花矮牵牛/秋156
小花山猪菜/秋91
小黄花石斛/春239
小金雀/春126
小韭兰/夏151
小孔雀竹芋/夏183
小蜡/春72
小铜锤/夏165
小万寿菊/秋129
小王莲/夏241
小悬铃/秋59
小岩桐/冬90
小叶龙船花/秋67
小叶马樱丹/冬59
小尤第木/春89
小圆彤/冬90
小朱缨花/秋49
小朱缨花/夏71
谢三娘/春166
蟹爪/冬78
蟹爪兰/冬78

心叶球兰/夏119
新几内亚凤仙/夏154
星果藤/秋96
星花木兰/冬31
星花玉兰/冬31
星茄/秋99
星烁山茉莉/冬48
猩猩草/夏166
猩猩木/冬23
杏黄兜兰/冬107
荇菜/春276
莕菜/春276
修面刷树/春24
秀雅美冠兰/春253
绣球/夏96
许氏草/夏157
许树/春140
旭日东升/春208
旭日藤/夏137
萱草/夏178
悬铃花/秋58
穴果木/春171
穴果藤/春171
雪绢/秋115
雪茄花/冬30
雪叶草/夏164
雪叶莲/夏164
血藤/春163
血桐/春34
勋章花/秋123
勋章菊/秋123

Y

鸭嘴花/春98
芽木/春108
雅蒜/冬68

亚历山大椰子/春74
亚马逊石蒜/冬66
亚马逊王莲/夏240
胭脂花/夏192
胭脂木/夏65
胭脂树/夏65
烟斗马兜铃/冬51
烟火树/冬48
烟仔花/秋157
延命菊/秋116
岩生红千层/春120
盐水面头果/夏42
艳赪桐/冬58
艳锦竹芋/夏180
艳芦莉/夏58
艳山姜/春273
燕子水仙/春183
羊角扭/春102
羊角拗/春102
羊浸树/秋40
羊桃/春145
羊桃/春73
羊蹄甲/秋14
阳伞花/冬49
阳桃/春73
杨梅/春67
洋红西番莲/春169
洋金凤/夏70
洋蒲桃/春71
洋水仙/冬67
洋素馨/夏98
洋桃/春73
洋玉兰/夏38
洋紫荆/春46
洋紫苏/夏173
痒痒树/夏31
耶悉茗/秋98
椰树/秋25

椰子/秋25
野白纸扇/夏138
野靛叶/春98
野鸡冠花/夏142
野菊/夏162
野牡丹/夏80
野梢瓜/春158
野萱花/夏170
野棕/夏147
叶上花/秋53
叶仙人掌/秋85
叶子花/冬56
夜饭花/夏192
夜合/夏73
夜来香/夏120
夜香花/夏120
夜香木兰/夏73
夜香树/春98
腋唇兰/春255
一串红/秋139
一品冠/冬116
一品红/冬23
伊兰芷硬胶/秋27
仪花/夏24
宜昌过路黄/夏218
蚁栖树/春66
异唇兰/春219
异色芦荟/秋142
异型兰/春219
益母草/夏174
益智/春272
翼叶山牵牛/夏106
阴香/秋11
银边山菅兰/春210
银带虾脊兰/春217
银脉单药花/夏57
银脉爵床/夏57
银毛野牡丹/夏81

银叶菊/夏164
印度火筒树/春142
印度苕菜/秋165
印度紫檀/春53
英雄树/春22
莺歌凤梨/夏223
樱李/春87
樱麒麟/夏122
鹰爪/夏110
鹰爪花/夏110
鹰爪兰/夏110
迎春柳/春111
映山红/春134
硬骨凌霄/秋84
硬叶兜兰/春258
硬叶兰/春226
硬枝老鸦嘴/秋34
油菜花/春197
油茶/冬17
油椎/春101
鱼骨葵/春129
鱼黄草/秋91
鱼木/夏14
鱼尾葵/夏47
虞美人/秋155
羽裂蔓绿绒/春184
羽裂熏衣草/冬26
羽扇豆/夏176
羽叶熏衣草/冬26
羽衣甘蓝/春198
雨久花/夏243
玉芙蓉/秋43
玉兰/冬8
玉帘/秋105
玉叶金花/夏138
郁金香/春211
鸳鸯美人蕉/春192
鸳鸯茉莉/秋68

囗蕚藤/冬53
囗叶节节菜/冬122
囗叶竹芋/夏181
囗锥果子蔓/春187
囗锥擎天/春187
囗光花/夏128
囗季/夏87
囗下美人/夏66
越南天料木/秋9
囗南含笑/春115
囗南黄素馨/冬38
囗南火焰兰/夏210
囗南石仙桃/夏208
囗南素馨/冬38
囗薹/春197

Z

囗交百合/冬94
囗交兰/冬102
囗力花/夏235
囗禾树/夏67
囗米芋/冬70
囗泻虾脊兰/夏196
囗毛野牡丹/春116
囗氏紫葳/秋83
囗/春42
囗树/春42
囗叶槿/秋19
囗叶老鸦嘴/春143
囗叶山牵牛/春143
囗螂花/秋104
囗叶苹婆/春94
囗菊/秋125
囗篷树/春34
囗哇决明/夏26
囗哇木棉/春23
囗鹤兰/夏177

浙江润楠/冬5
贞桐花/夏102
珍珠金合欢/冬29
珍珠相思/冬29
真檀/夏50
知羞草/春205
栀子/春137
蜘蛛兰/夏148
直立山牵牛/秋34
指甲花/秋108
中国无忧树/春55
中华猕猴桃/春145
中华石龙尾/秋168
钟花百子莲/春207
钟花樱桃/冬14
肿柄菊/秋130
肿节石斛/春246
皱果桐/春37
朱顶红/春181
朱蕉/冬21
朱槿/夏75
朱缨花/秋48
猪姑稔/春116
猪古稔/夏80
竹节秋海棠/夏64
竹叶兰/秋146
状元红/夏102
糙点栝楼/夏132
子午莲/夏239
紫背天鹅绒竹芋/冬96
紫背万年青/夏160
紫背竹芋/春212
紫唇兜兰/秋153
紫果猕猴桃/春144
紫果西番莲/春169
紫花捕鱼木/秋71
紫花大翼豆/秋95
紫花含笑/春59

紫花满天星/秋54
紫花树/春64
紫花西番莲/夏135
紫锦草/夏161
紫荆花/冬6
紫矿/春48
紫罗兰/秋134
紫毛兜兰/冬111
紫铆/春48
紫茉莉/夏192
紫瓶子花/夏99
紫绒鼠尾草/秋138
紫扇花/春199
紫苏草/春280
紫藤/春164
紫薇/夏31
紫纹兜兰/秋153
紫心菊/秋124
紫鸭跖草/夏161
紫叶番薯/秋86
紫叶槿/秋55
紫叶李/春87
紫叶美人蕉/春195
紫叶薯/秋86
紫叶酢浆草/春269
紫玉盘/春101
紫云杜鹃/秋33
紫云花/秋33
紫芸藤/秋82
棕竹/夏85
祖公柴/春142
钻喙兰/冬114
钻喙兰/夏211
醉蝶花/秋113
醉鱼草/春112

拉丁名索引

Abutilon megapotamicum 红萼苘麻/秋97

Abutilon pictum 金铃花/夏74

Acacia auriculiformis 大叶相思/秋13

Acacia catechu 儿茶/春43

Acacia confusa 台湾相思/春44

Acacia podalyriifolia 珍珠相思/冬29

Acalypha hispida 狗尾红/冬22

Acalypha reptans 红尾铁苋/春106

Acampe rigida 多花脆兰/秋145

Actinidia arguta var. *purpurea*
紫果猕猴桃/春144

Actinidia chinensis 中华猕猴桃/春145

Actinidia latifolia 阔叶猕猴桃/夏108

Actinidia melliana 美丽猕猴桃/夏109

Adenanthera pavonina var. *microsperma*
海红豆/春45

Adenium obesum 沙漠玫瑰/秋36

Adhatoda vasica 鸭嘴花/春98

Adina pilulifera 水团花/夏90

Adina rubella 细叶水团花/夏91

Aerides odorata 香花指甲兰/夏194

Aerides rosea 多花指甲兰/夏195

Aeschynanthus lobbianus 毛萼口红花/夏133

Aeschynanthus speciosus 美丽口红花/夏68

Agapanthus campanulatus 吊钟百子莲/春207

Agapetes burmanica 缅甸树萝卜/秋64

Agapetes lacei 深红树萝卜/冬40

Aglaia odorata 米仔兰/夏82

Ajuga decumbens 金疮小草/春202

Aleurites moluccanus 石栗/春33

Allamanda cathartica 软枝黄蝉/夏112

Allemanda cathartica var. *hendersonii*
大花软枝黄蝉/春147

Allemanda neriifolia 黄蝉/夏59

Alocasia odora 海芋/秋106

Aloe marlothii 鬼切芦荟/春206

Aloe versicolor 异色芦荟/秋142

Alpinia oxyphylla 益智/春272

Alpinia zerumbet 艳山姜/春273

Alstonia scholaris 糖胶树/夏2

Alternanthera dentata 'Rubiginosa'
大叶红草/冬63

Amygdalus persica 桃/春85

Ananas bracteatus var. *striatus*
三色凤梨/夏219

Ananas comosus 凤梨/夏220

Ananas lucidus 'Chocolat'
巧克力光亮凤梨/春185

Angelonia salicariifolia 天使花/夏244

Annona muricata 刺果番荔枝/春13

Anthurium andraeanum 红掌/冬69

Antigonon leptopus 珊瑚藤/夏137

Antirrhinum majus 金鱼草/秋159

Aphelandra squarrosa 银脉单药花/夏57

Aquilaria sinensis 土沉香/春97

Arachis duranensis 蔓花生/春204

Archontophoenix alexandrae 假槟榔/春74

Ardisia humilis 矮紫金牛/春117

Ardisia obtusa 铜盆花/冬35

Areca catechu 槟榔/春75

Areca triandra 三药槟榔/春76

Arenga pinnata 桄榔/夏45

Arenga tremula 鱼骨葵/春129

Aristolochia arborea 木本马兜铃/春151

Aristolochia gibertii 烟斗马兜铃/冬51

Aristolochia grandiflora 巨花马兜铃/春152

Aristolochia kwangsiensis 广西马兜铃/春15

Aristolochia ringens 麻雀花/秋79

Aristolochia zollingeriana 港口马兜铃/夏11

Armeniaca mume 梅/冬13

rtabotrys hexapetalus 鹰爪花/夏110

rundina graminifolia 竹叶兰/秋146

rytera littoralis 滨木患/夏52

sclepias curassavica 'Flaviflora'
　黄冠马利筋/夏153

sclepias curassavica 马利筋/夏153

scocentrum ampullaceum 鸟舌兰/春216

verrhoa carambola 阳桃/春73

anksia integrifolia 海岸斑克木/秋7

arleria cristata 假杜鹃/冬20

arringtonia fusicarpa 棱果玉蕊/秋12

arthea barthei 棱果花/冬32

auhinia blakeana 红花羊蹄甲/冬6

auhinia galpinii 嘉氏羊蹄甲/春159

auhinia purpurea 羊蹄甲/秋14

auhinia variegata var. *candida*
　白花洋紫荆/春47

auhinia variegata 洋紫荆/春46

eaumontia grandiflora 清明花/春148

egonia elatior 丽格秋海棠/冬73

egonia maculata 竹节秋海棠/夏64

egonia semperflorens 四季秋海棠/秋110

ellamcanda chinensis 射干/夏170

ellis perennis 雏菊/秋116

illbergia pyramidalis 水塔花/夏221

ixa orellana 红木/夏65

ombax ceiba 木棉/春22

orago officinalis 琉璃苣/夏156

ougainvillea spectabilis 叶子花/冬56

rassica campestris 油菜花/春197

rassica oleracea var. *acephala*
　羽衣甘蓝/春198

roussonetia papyrifera 构树/春65

rugmansia arborea 大花曼陀罗/夏53

rugmansia pittieri 黄花曼陀罗/春139

runfelsia acuminata 鸳鸯茉莉/秋68

runfelsia calycina 大花鸳鸯茉莉/秋69

uckinghamia celsissima 白金汉/冬12

Buddleja lindleyana 醉鱼草/春112

Bulbophyllum odoratissimum
　密花石豆兰/春227

Bulbophyllum violaceolabellum
　等萼石豆兰/春228

Butea monosperma 紫矿/春48

Caesalpinia minax 喙荚云实/春160

Caesalpinia pulcherrima 金凤花/夏70

Caesalpinia vernalis 春云实/春161

Calanthe alismifolia 泽泻虾脊兰/夏196

Calanthe argenteo-striata 银带虾脊兰/春217

Calanthe formosana 二列叶虾脊兰/春218

Calathea louisae 'Emperor'
　帝王罗氏竹芋/夏179

Calathea oppenheimiana 'Tricolor'
　艳锦竹芋/夏180

Calathea orbifolia 苹果竹芋/夏181

Calathea roseopicta 玫瑰竹芋/夏182

Calathea rufibara 'Wavestar' 波浪竹芋/冬97

Calathea warscewiczii 紫背天鹅绒竹芋/冬96

Calceolaria crenatiflora 蒲包花/冬118

Calendula officinalis 金盏花/秋117

Calibrachoa hybrida 小花矮牵牛/秋156

Calliandra haematocephala 朱缨花/秋48

Calliandra surinamensis 苏里南朱缨花/夏71

Calliandra tergemina var. *emarginata*
　红粉扑花/秋49

Callicarpa formosana 杜虹花/夏100

Callist emon 'King's Park' 皇帝红千层/春119

Callistemon citrinus 美花红千层/春118

Callistemon pearsonii 'Rocky rambler'
　岩生红千层/春120

Callistemon viminalis 串钱柳/春68

Calotropis gigantea 牛角瓜/秋40

Camellia azalea 杜鹃红山茶/秋76

Camellia crapnelliana 红皮糙果茶/冬15

Camellia japonica 山茶/冬16

Camellia oleifera 油茶/冬17

Camellia petelotii 金花茶/冬46

Camellia sasanqua 茶梅/冬18

Camellia semiserrata 广宁红花油茶/冬19

Camptotheca acuminata 喜树/夏44

Canna generalis 'Cleopatra'
鸳鸯美人蕉/春192

Canna generalis 'Striatus' 金脉美人蕉/春193

Canna generalis 大花美人蕉/春191

Canna indica 'Edulis' 蕉芋/秋112

Canna indica 美人蕉/春194

Canna warscewiezii 紫叶美人蕉/春195

Cardiospermum halicacabum 倒地铃/夏140

Caryota mitis 短穗鱼尾葵/春77

Caryota obtusa 董棕/夏46

Caryota ochlandra 鱼尾葵/夏47

Cassia fistula 腊肠树/夏25

Cassia javanica 粉花决明/夏26

Cassia spectabilis 美丽决明/春49

Catharanthus roseus 长春花/秋37

Cattleya spp. 卡特兰/秋147

Cecropia peltata 蚁栖树/春66

Ceiba pentandra 爪哇木棉/春23

Ceiba speciosa 美丽异木棉/冬3

Celosia argentea 青葙/夏142

Celosia cristata 鸡冠花/秋101

Centaurea cyanus 矢车菊/冬80

Cerasus campanulata 钟花樱桃/冬14

Cerbera manghas 海杧果/春14

Cestrum aurantiacum 黄瓶子花/秋70

Cestrum elegans 瓶儿花/夏99

Cestrum nocturnum 洋素馨/夏98

Chiloschista yunnanensis 异型兰/春219

Chirita anachoreta 光萼唇柱苣苔/秋135

Chlorophytum comosum 吊兰/夏177

Chlorophytum orchidastrum 橙柄草/春208

Chrysalidocarpus lutescens 散尾葵/夏84

Chrysanthemum indicum 野菊/夏162

Chrysanthemum morifolium 菊花/秋118

Chrysanthemum segetum 南茼蒿/春196

Chukrasia tabularis 麻楝/春63

Cinnamomum burmannii 阴香/秋11

Cinnamomum camphora 樟树/春42

Cleidiocarpon cavaleriei 蝴蝶果/夏22

Cleisostoma williamsonii 红花隔距兰/春220

Cleistocalyx operculatus 水翁/夏43

Clerodendranthus spicatus 猫须草/夏172

Clerodendrum bungei 臭牡丹/夏101

Clerodendrum inerme 苦郎树/春140

Clerodendrum japonicum 赪桐/夏102

Clerodendrum philippinum 重瓣臭茉莉/夏103

Clerodendrum quadriloculare 烟火树/冬48

Clerodendrum speciosum 红萼龙吐珠/春174

Clerodendrum splendens 艳赪桐/冬58

Clerodendrum thomsonae 龙吐珠/春175

Clerodendrum wallichii 垂茉莉/秋77

Clitoria ternatea 蝶豆/夏134

Clivia miniata 君子兰/冬64

Clivia nobilis 垂笑君子兰/夏143

Clytostoma callistegioides 连理藤/春155

Cocos nucifera 椰子/秋25

Codonopsis javanica 金钱豹/夏124

Coelogyne flaccida 栗鳞贝母兰/春221

Coelospermum kanehirae 穴果木/春171

Coleostephus multicaulis 大丽花/冬82

Coleostephus multicaulis 黄晶菊/冬81

Coleus scutellarioides 彩叶草/夏173

Cordyline fruticosa 朱蕉/冬21

Corylopsis multiflora 瑞木/冬25

Cosmos bipinnata 波斯菊/秋119

Cosmos sulphureus 硫华菊/秋120

Costus barbatus 宝塔姜/夏224

Costus dubius 大苞闭鞘姜/夏225

Costus speciosus 闭鞘姜/夏226

Crateva formosensis 鱼木/夏14

Cratoxylum cochinchinense 黄牛木/春108

Crescentia alata 叉叶木/夏8

Crescentia cujete 炮弹树/秋4

Crinum × *amabile* 红花文殊兰/夏144

Crinum asiaticum 'Variegatum'
　白缘文殊兰/夏146

Crinum asiaticum var. *sinicum* 文殊兰/夏145

Crinum moorei 香殊兰/春180

Crossandra infundibuliformis 鸟尾花/夏56

Crossandra nilotica 黄鸟尾花/夏56

Crossostephium chinense 芙蓉菊/秋43

Cryptanthus spp. 姬凤梨/春186

Cryptostegia grandiflora 橡胶紫茉莉/夏118

Cuphea hyssopifolia 细叶萼距花/秋54

Cuphea platycentra 火红萼距花/冬30

Curculigo capitulata 大叶仙茅/夏147

Curcuma alsimatifolia 姜荷花/夏227

Curcuma phaeocaulis 莪术/春274

Cycas debaoensis 德保苏铁/春26

Cycas fairylakea 仙湖苏铁/春27

Cycas hainanensis 海南苏铁/夏15

Cycas panzhihuaensis 攀枝花苏铁/春28

Cycas revoluta 苏铁/夏16

Cycas segmentifida 叉孢苏铁/冬4

Cycas szechuanensis 四川苏铁/春29

Cyclamen persicum 仙客来/冬116

Cymbidium aloifolium 纹瓣兰/春222

Cymbidium ensifolium 建兰/夏197

Cymbidium faberi 蕙兰/春223

Cymbidium floribundum 多花兰/春224

Cymbidium goeringii 春兰/冬99

Cymbidium hybrida 垂花蕙兰/冬101

Cymbidium hybrida 大花蕙兰/冬100

Cymbidium hybrida (Mini type)
　杂交兰/冬102

Cymbidium kanran 寒兰/秋148

Cymbidium lancifolium 兔耳兰/夏198

Cymbidium lowianum 碧玉兰/春225

Cymbidium mannii 硬叶兰/春226

Cymbidium sinense 墨兰/冬103

Cymbidium tortisepalum var. *longibracteatum*
　春剑/冬105

Cymbidium tortisepalum 莲瓣兰/冬104

Cyrtanthera carnea 珊瑚花/秋30

Cyrtanthus mackenii 垂筒花/冬65

Dahlia pinnata 非洲菊/冬83

Dalbergia odorifera 降香黄檀/春50

Delonix regia 凤凰木/夏27

Dendrobium brymerianum 长苏石斛/夏199

Dendrobium capillipes 短棒石斛/春229

Dendrobium cariniferum 翅萼石斛/春230

Dendrobium christyanum 喉红石斛/春231

Dendrobium chrysanthum 束花石斛/秋149

Dendrobium chrysotoxu 鼓槌石斛/春232

Dendrobium crepidatum 玫瑰石斛/春233

Dendrobium crystallinum 晶帽石斛/夏200

Dendrobium densiflorum 密花石斛/春234

Dendrobium falconeri 串珠石斛/夏201

Dendrobium fimbriatum 流苏石斛/春235

Dendrobium guangxiense 滇桂石斛/春236

Dendrobium harveyanum 苏瓣石斛/春237

Dendrobium hybrida (Nobile type)
　春石斛兰/春238

Dendrobium hybrida (*Phalaenopsis* &
　Antelope type) 秋石斛兰/秋150

Dendrobium jenkinsii 小黄花石斛/春239

Dendrobium lindleyi 聚石斛/春240

Dendrobium loddigesii 美花石斛/春241

Dendrobium moniliforme 细茎石斛/春242

Dendrobium moschatum 杓唇石斛/春243

Dendrobium nobile 石斛/春244

Dendrobium officinale 铁皮石斛/春245

Dendrobium pendulum 肿节石斛/春246

Dendrobium thyrsiflorum 球花石斛/春248

Dendrobium trigonopus 翅梗石斛/春247

Dendrobium wardianum 大苞鞘石斛/春249

Dendrobium williamsonii 黑毛石斛/春250

Desmos chinensis 假鹰爪/夏111

Dianella ensifolia 'Marginata'
金线山菅兰/春209

Dianella ensifolia 'White Variegated'
银边山菅兰/春210

Dianthus chinensis 石竹/秋114

Didymostigma obtusum 双片苣苔/秋136

Dietes bicolor 双色野鸢尾/春200

Dillenia indica 五桠果/夏18

Dillenia turbinata 大花五桠果 /春30

Diospyros kaki 柿/夏19

Distylium racemosum 蚊母树/春109

Dolichandrone cauda-felina 猫尾木/秋5

Dombeya burgessiae 非洲芙蓉/冬45

Doryanthes excelsa 悉尼火百合/春179

Dracontomelon duperreanum 人面子/夏1

Duabanga grandiflora 八宝树/春93

Duranta repens 假连翘/春141

Duranta repens 'Golden Leaves'
金叶假连翘/春141

Duranta repens 'Variegata' 花叶假连翘/春141

Dysophylla sampsonii 齿叶水蜡烛/秋166

Ehretia acuminata 厚壳树/春25

Eichhornia crassipes 凤眼莲/夏242

Elaeocarpus hainanensis 水石榕/夏21

Elaeocarpus rugosus 尖叶杜英/夏20

Elaeocarpus serratus 锡兰杜英/春31

Embelia ribes 白花酸藤子/冬55

Encephalartos ferox 刺叶非洲苏铁/秋28

Enkianthus quinqueflorus 吊钟花/冬41

Enkianthus serrulatus 齿缘吊钟花/春131

Epidendrum hybrid 树兰/春251

Epiphyllum oxypetalum 昙花/夏66

Episcia cupreata 喜荫花/夏167

Eranthemum pulchellum 可爱花/秋31

Eria gagnepainii 香港毛兰/冬106

Erycibe schmidtii 光叶丁公藤/夏127

Erythrina corallodendron 龙牙花/夏28

Erythrina crista-galli 鸡冠刺桐 /春51

Erythrina humeana 纳塔尔刺桐/秋50

Erythrina variegata 刺桐 /春52

Erythrodes blumei 钳唇兰/春252

Erythrophleum fordii 格木/夏29

Eucharis × grandiflora 南美水仙/冬66

Eugenia uniflora 红果仔/春121

Eulophia graminea 美冠兰/春253

Euphorbia cyathophora 猩猩草/夏166

Euphorbia milii 虎刺梅/秋45

Euphorbia pulcherrima 一品红/冬23

Eurya chinensis 米碎花/冬47

Euryops pectinatus 'Viridis' 黄金菊/秋121

Evodiella muelleri 小尤第木/春89

Evolvulus nuttallianus 蓝星花/秋44

Fagraea ceilanica 灰莉/夏30

Farfugium japonicum 大吴风草/秋122

Fatsia japonica 八角金盘/秋39

Floscopa scandens 聚花草/夏233

Freesia refracta 香雪兰/冬92

Fuchsia hybrida 倒挂金钟/秋73

Garcinia subelliptica 菲岛福木/春39

Gardenia jasminoides 栀子/春137

Gardenia jasminoides 'Variegata'
花叶栀子/春137

Gardenia scabrella 粗栀子/春138

Gardenia jasminoides var. *fortuniana*
白蟾/春137

Gazania rigens 勋章菊/秋123

Gelsemium sempervirens 金钩吻/冬54

Genista spachiana 金雀花/春126

Gladiolus gandavensis 唐菖蒲 /夏171

Globba racemosa 舞花姜/夏228

Globba schomburgkii 双翅舞花姜/秋162

Gloxinia sylvatica 小岩桐/冬90

Gomphocarpus physocarpus 气球果/夏62

Gomphrena globosa 千日红/秋102

Goodyera procera 高斑叶兰/春254

Grevillea banksii 红花银桦/春82

...ewia occidentalis 水莲木/秋71

uzmania conifera 火炬凤梨/春187

uzmania 'Major' 喜炮凤梨/冬74

uzmania spp. 擎天凤梨/冬75

ypsophila repens 蔓枝满天星/冬79

abenaria rhodocheila 橙黄玉凤花/夏202

amelia patens 希茉莉/秋65

edychium coronarium 姜花/秋163

edychium gardnerianum 金姜花/夏229

elenium 'Dakota Gold'
　达科他州金色堆心菊/冬84

elenium flexuosum 紫心菊/秋124

elianthus annuus 向日葵/秋125

eliconia caribaea × H. bihai 'Richmond Red'
　富红蝎尾蕉/春213

eliconia hirsuta 翠鸟蝎尾蕉/夏184

eliconia illustris 显著蝎尾蕉/春215

eliconia latispatha 黄苞蝎尾蕉/夏185

eliconia lingulata 扇形蝎尾蕉/春214

eliconia psittacorum 百合蝎尾蕉/夏186

eliconia rostrata 金嘴蝎尾蕉/夏187

emerocallis fulva 萱草/夏178

eterocentron elegans
　多花蔓性野牡丹/春165

ibbertia scandens 束蕊花/秋94

ibiscus acetosella 红叶槿/秋55

ibiscus elatus 高红槿/冬10

ibiscus grewiifolius 樟叶槿/秋19

ibiscus macilwraithensis 白炽花/秋56

ibiscus mutabilis 木芙蓉/秋57

ibiscus rosa-sinensis 扶桑/夏75

ibiscus sabdariffa 玫瑰茄/秋143

ibiscus schizopetalus 吊灯扶桑/夏76

ibiscus syriacus 木槿/夏77

ibiscus tiliaceus 黄槿/夏42

ippeastrum rutilum 朱顶红/春181

ippobroma longiflora 同瓣草/夏157

olmskioldia sanguinea 冬红/冬49

Homalium cochinchinense 天料木/秋9

Hoya carnosa 球兰/春154

Hoya kerrii var. variegata
　斑叶心叶球兰/夏119

Hoya kerrii 心叶球兰/夏119

Hoya lanceolata subsp. bella 贝拉球兰/秋80

Hoya lyi 方叶球兰/秋81

Hoya multiflora 彗星球兰/夏63

Hyacinthus orientalis 风信子/冬93

Hydnocarpus hainanensis 海南大风子/春38

Hydrangea macrophylla 八仙花/夏96

Hydrocleys nymphoides 水金英/夏232

Hygrochilus parishii 湿唇兰/夏203

Hygrophila megalantha 大花水蓑衣/冬121

Hylocereus undatus 火龙果/夏121

Hymenocallis littoralis 水鬼蕉/夏148

Hymenosporum flavum 黄花海桐/春80

Hyophorbe lagenicaulis 酒瓶椰子/秋26

Hypericum monogynum 金丝桃/夏69

Ilex asprella 秤星树/春103

Ilex cornuta 枸骨/春17

Ilex rotunda 铁冬青/春18

Impatiens balsamina 凤仙花/秋108

Impatiens chinensis 华凤仙/秋109

Impatiens hawkeri 新几内亚凤仙/夏154

Impatiens walleriana 非洲凤仙花/夏155

Ipomoea alba 月光花/夏128

Ipomoea batatas 'Black Heart' 紫叶番薯/秋86

Ipomoea batatas 'Marguerite' 金叶番薯/秋87

Ipomoea cairica 五爪金龙/秋88

Ipomoea horsfalliae 王妃藤/春157

Ipomoea nil 牵牛/秋89

Ipomoea pes-caprae 马鞍藤/夏129

Ipomoea quamoclit 茑萝/夏130

Ixora casei 大王龙船花/秋66

Ixora chinensis 龙船花/夏92

Ixora coccinea 'Xiaoye' 小叶龙船花/秋67

Jacaranda mimosifolia 蓝花楹/夏9

Jasminum elongatum 扭肚藤/春166

Jasminum grandiflorum 素馨/秋98

Jasminum mesnyi 云南素馨/冬38

Jasminum sambac 茉莉/夏83

Jatropha integerrima 琴叶珊瑚/秋46

Jatropha podagrica 佛肚树/秋47

Justicia brandegeana 虾衣花 /春178

Kaempferia rotunda 海南三七/春275

Kalanchoe blossfeldiana 长寿花/冬88

Kalanchoe manginii 宫灯长寿花/秋132

Kigelia africana 吊瓜树/秋6

Koelreuteria bipinnata 复羽叶栾树/夏51

Kopsia arborea 蕊木 /春15

Kopsia fruticosa 红花蕊木/秋38

Lagerstroemia indica 紫薇/夏31

Lagerstroemia siamica 多花紫薇/秋18

Lagerstroemia speciosa 大花紫薇/夏33

Lagerstroemia subcostata 九芎/夏32

Lantana camara 马缨丹/秋78

Lantana montevidensis 蔓马缨丹/冬59

Lavandula pinnata 羽叶熏衣草/冬26

Leea indica 火筒树/春142

Leonurus japonicus 益母草/夏174

Leptospermum scoparium 松红梅 /冬37

Liatris spicata 蛇鞭菊/夏163

Ligustrum sinense 山指甲/春72

Lilium hybrida 杂交百合/冬94

Limnocharis flava 黄花蔺/秋164

Limnophila aquatica 大石龙尾/秋167

Limnophila aromatica 紫苏草/春280

Limnophila chinensis 中华石龙尾/秋168

Lirianthe coco 夜合/夏73

Litsea glutinosa 潺槁木姜子/夏23

Livistona chinensis 蒲葵/春78

Lobelia angulata 铜锤玉带草/秋111

Lobelia erinus 南非山梗菜/夏158

Lobularia maritima 香雪球/秋133

Lonicera japonica 金银花/夏125

Loropetalum chinense 檵木/春110

Loropetalum chinense var. *rubrum* 红花檵木/春110

Lupinus polyphyllus 多叶羽扇豆/夏176

Lycoris aurea 忽地笑/秋103

Lycoris radiata 石蒜/秋104

Lysidice rhodostegia 仪花/夏24

Lysimachia congestiflora 临时救/夏216

Lysimachia fordiana 大叶排草/夏217

Lysimachia henryi 宜昌过路黄/夏218

Lythrum salicaria 千屈菜 /夏234

Macadamia ternifolia 澳洲坚果/春83

Macaranga tanarius var. *tomentosa* 血桐/春34

Macfadyena unguis-cati 猫爪藤/春156

Machilus chekiangensis 浙江润楠/冬5

Machilus salicina 柳叶润楠/冬28

Macroptilium atropurpureum 紫花大翼豆/秋95

Macrozamia moorei 摩尔苏铁/秋29

Maesa montana 金珠柳/冬36

Magnolia grandiflora 荷花玉兰/夏38

Mahonia bealei 阔叶十大功劳/秋41

Mahonia fortunei 十大功劳/秋42

Malvaviscus arboreus 'Variegata' 宫粉悬铃花/秋60

Malvaviscus arboreus var. *drummondii* 小悬铃/秋59

Malvaviscus arboreus 垂花悬铃花/秋58

Mandevilla × *amabilis* 飘香藤/夏113

Mangifera indica 杧果/冬1

Manglietia aromatica 香木莲/夏34

Manglietia fordiana var. *hainanensis* 海南木莲/春56

Manglietia forrestii 滇桂木莲/夏35

Manglietia grandis 大果木莲/夏36

Manglietia insignis 红花木莲/夏37

Manglietia lucida 亮叶木莲/春57

Maranta leuconeura 豹斑竹芋/夏183

Matthiola incana 紫罗兰/秋134

Mauranthemum paludosum 白晶菊/冬85

Maxillaria tenuifolia 腋唇兰/春255

Mayodendron igneum 火烧花 /冬2

Medinilla magnifica 宝莲花/冬33

Melaleuca bracteata 'Revolution Gold'
黄金香柳/春122

Melaleuca leucadendron 白千层/秋21

Melampodium paludosum 美兰菊/秋126

Melastoma dodecandrum 地菍/夏78

Melastoma intermedium 细叶野牡丹/夏79

Melastoma malabathricum 野牡丹/夏80

Melastoma normale 展毛野牡丹/春116

Melastoma sanguineum 毛菍/秋62

Melia azedarach 苦楝/春64

Merremia dissecta 多裂鱼黄草/秋90

Merremia hederacea 篱栏网/秋91

Merremia tuberosa 木玫瑰/秋92

Michelia alba 白兰/夏39

Michelia champaca 黄兰/夏40

Michelia chapensis 乐昌含笑/春58

Michelia crassipes 紫花含笑 /春59

Michelia figo 含笑/春114

Michelia maudiae 深山含笑/冬7

Michelia odora 观光木/春60

Michelia shiluensis 石碌含笑/春61

Michelia yunnanensis 云南含笑/春115

Mimosa bimucronata 光荚含羞草/秋52

Mimosa invisa 巴西含羞草/秋140

Mimosa pudica 含羞草/春205

Mimusops elengi 牛乳树/秋27

Mirabilis jalapa 紫茉莉/夏192

Momordica cochinchinensis 木鳖子/夏131

Monochoria korsakowii 雨久花/夏243

Monstera deliciosa 龟背竹/夏115

Monstera deliciosa 'Albo Variegata'
白斑叶龟背竹/夏115

Moringa oleifera 辣木/秋20

Mucuna birdwoodiana 禾雀花/春162

Mucuna macrocarpa 大果油麻藤/春163

Muntingia calabura 文定果/春32

Murraya exotica 九里香/春90

Musa coccinea 红花蕉 /夏188

Musella lasiocarpa 地涌金莲/夏189

Mussaenda erosa 楠藤/春172

Mussaenda erythrophylla 红纸扇/夏93

Mussaenda hybrida 'Alicia' 粉萼花/夏94

Mussaenda pubescens 玉叶金花/夏138

Myrica rubra 杨梅/春67

Mytilaria laosensis 米老排/春40

Nandina domestica 南天竹/春104

Narcissus pseudonarcissus 洋水仙/冬67

Narcissus tazetta var. *chinensis* 水仙/冬68

Nelumbo nucifera 莲/夏237

Nematanthus gregarius 金鱼花 /冬91

Neofinetia falcata 风兰/春256

Neolamarckia cadamba 团花/夏49

Neomarica gracilis 巴西鸢尾/春201

Neoregelia 'Red of Rio'
里约红彩叶凤梨/春188

Nerium oleander 夹竹桃/夏60

Nicotiana sanderae 花烟草/秋157

Nolina recurvata 酒瓶兰/秋1

Nuphar pumila 萍蓬草/夏238

Nymphaea spp. 睡莲/夏239

Nymphoides indica 金银莲花/秋165

Nymphoides peltatum 荇菜 /秋276

Ochna integerrima 桂叶黄梅/春127

Ochrosia elliptica 古城玫瑰树/秋3

Odontonema tubaeforme 鸡冠爵床/秋32

Oenothera drummondii 海滨月见草/夏193

Oenothera speciosa 美丽月见草/秋144

Oncidium hybrida 文心兰/秋151

Osmanthus fragrans 桂花/秋24

Osteospermum ecklonis 非洲万寿菊/冬86

Ottelia alismoides 水车前/春277

Oxalis corymbosa 红花酢浆草/春268

Oxalis triangularis 紫叶酢浆草/春269

Ozothamnus diosmifolius 澳洲米花/春105

Pachira aquatica 瓜栗/夏12

Pachira glabra 马拉巴栗/夏13

Pachystachys lutea 金苞花/冬60

Paederia scandens 鸡矢藤/夏139

Paeonia suffruticosa 牡丹/春130

Papaver rhoeas 虞美人/秋155

Paphiopedilum armeniacum 杏黄兜兰/冬107

Paphiopedilum concolor 同色兜兰/夏204

Paphiopedilum dianthum 长瓣兜兰/夏205

Paphiopedilum hirsutissimum
    带叶兜兰/春257

Paphiopedilum hybrida 摩帝兜兰/冬108

Paphiopedilum hybrida 肉饼兜兰/冬109

Paphiopedilum malipoense 麻栗坡兜兰/冬110

Paphiopedilum markianum 虎斑兜兰/夏206

Paphiopedilum micranthum 硬叶兜兰/春258

Paphiopedilum purpuratum 紫纹兜兰/秋153

Paphiopedilum spicerianum 青蛙兜兰/秋152

Paphiopedilum villosum 紫毛兜兰/冬111

Paphiopedilum wardii 彩云兜兰/冬112

Passiflora amethystina 紫花西番莲/夏135

Passiflora coccinea 红花西番莲/春169

Passiflora cochinchinensis 蛇王藤/冬57

Passiflora edulis 鸡蛋果/夏136

Paulownia fortune 泡桐/春91

Pelargonium hortorum 天竺葵/冬89

Pentacoelium bontioides 苦槛蓝/春125

Pereskia aculeata 叶仙人掌/秋85

Pereskia bleo 樱麒麟/夏122

Pereskia grandifolia 大花樱麒麟/夏123

Pericallis hybrida 瓜叶菊/冬87

Petrea volubilis 蓝花藤/春176

Petunia × hybrida 矮牵牛/秋158

Phaius tankervilliae 鹤顶兰/春259

Phalaenopsis deliciosa 大尖囊兰/夏207

Phalaenopsis hybrida 蝴蝶兰/冬113

Phalaenopsis mannii 版纳蝴蝶兰/春260

Phalaenopsis wilsonii 华西蝴蝶兰/春261

Philodendron selloum 春羽/春184

Pholidota cantonensis 细叶石仙桃/春262

Pholidota chinensis 石仙桃/春263

Pholidota yunnanensis 云南石仙桃/夏208

Pieris swinhoei 长萼马醉木/春132

Piper hancei 山蒟/春168

Pistia stratiotes 大藻/夏231

Pitcairnia scandens 红花草凤梨/冬76

Pitcairnia xanthocalyx 黄花草凤梨/春189

Pittosporum tobira 海桐/春128

Platycodon grandiflorus 桔梗/夏159

Pleione grandiflora 大花独蒜兰/夏209

Plinia cauliflora 嘉宝果/秋22

Plumbago auriculata 蓝花丹/冬39

Plumbago auriculata 蓝雪花/夏86

Plumbago zeylanica 白花丹/秋75

Plumeria obtusa 钝叶鸡蛋花/夏3

Plumeria rubra 'Acutifolia' 鸡蛋花/夏5

Plumeria rubra 红鸡蛋花/夏4

Podocarpus macrophyllus 罗汉松/春81

Podranea ricasoliana 紫芸藤/秋82

Polyalthia suberosa 暗罗/秋2

Pontederia cordata var. *alba*
    白花梭鱼草/春278

Pontederia cordata 梭鱼草/春278

Portulaca grandiflora 大花马齿苋/夏214

Portulaca oleracea var. *granatus*
    阔叶马齿苋/夏215

Primula vulgaris 欧洲报春/冬117

Prunus cerasifera f. *atropurpurea*
    紫叶李/春87

Prunus salicina 李/春88

Pseuderanthemum carruthersii
    金叶拟美花/春99

Pseuderanthemum laxiflorum 紫云杜鹃/秋33

seudobombax ellipticum 龟甲木棉/春24

seudocalymma alliaceum 蒜香藤/秋83

sychopsis papilio 拟蝶唇兰/秋154

terocarpus indicus 印度紫檀/春53

unica granatum 石榴/夏48

yracantha fortuneana 火棘/春135

yrostegia venusta 炮仗花/冬52

yrus calleryana 豆梨/春86

uisqualis indica 使君子/夏126

abdosia 'Mona Lavender'
　特丽莎香茶/春203

adermachera hainanensis 海南菜豆树/春19

adermachera sinica 山菜豆/夏10

aphia vinifera 象鼻棕/春79

aphiolepis indica 石斑木/春136

avenala madagascariensis 旅人蕉/夏190

einwardtia indica 石海椒/春111

enanthera 'Qi Lin' 麒麟火焰兰/春265

enanthera coccinea 火焰兰/春264

enanthera imschootiana 云南火焰兰/夏210

haphiolepis umbellata 厚叶石斑木/冬44

hapis excelsa 棕竹/夏85

hododendron × hybride 西洋杜鹃/冬42

hododendron × hybride 石楠杜鹃/冬43

hododendron moulmainense 毛棉杜鹃/春84

hododendron pulchrum 锦绣杜鹃/春133

hododendron simsii 杜鹃/春134

hodoleia championii 红花荷/春41

hodomyrtus tomentosa 桃金娘/春123

hoeo spathacea 紫背万年青/夏160

hynchostylis gigantea 海南钻喙兰/冬114

hynchostylis retusa 钻喙兰/夏211

ivina humilis 蕾芬/秋74

ondeletia odorata 郎德木/夏95

osa hybrida 现代月季/夏87

osa laevigata 金樱子/春170

osmarinus officinalis 迷迭香/冬27

otala rotundifolia 圆叶节节菜/冬122

Rubus rosaefolius var. coronarius
　重瓣蔷薇莓/夏88

Rudbeckia hirta 黑心菊/秋127

Ruellia brittoniana 蓝花草/夏141

Ruellia elegans 红花芦莉草/夏58

Ruscus hypoglossum 叶上花/秋53

Russelia equisetiformis 炮仗竹/夏97

Saintpaulia ionantha 非洲堇/夏168

Salvia farinacea 蓝花鼠尾草/秋137

Salvia leucantha 墨西哥鼠尾草/秋138

Salvia splendens 一串红/秋139

Salvia viridis 彩苞鼠尾草/夏175

Sanchezia nobilis 金脉爵床/春100

Sandersonia aurantiaca 宫灯百合/冬95

Sansevieria trifasciata 'Laurentii'
　金边虎尾兰/冬62

Santalum album 檀香/夏50

Sapium sebiferum 乌桕/春35

Saraca declinata 垂枝无忧树/春54

Saraca dives 中国无忧树/春55

Saurauia tristyla 水东哥/春11

Sauropus androgynus 守宫木/春107

Sauropus spatulifolius 龙脷叶/冬24

Saururus chinensis 三白草/春279

Saxifraga stolonifera 虎耳草/春270

Scadoxus multiflorus 网球花/春182

Scaevola aemula 蓝扇花/春199

Schefflera actinophylla 澳洲鸭脚木/夏7

Schima superba 木荷/夏54

Schlumbergera bridgesii 仙人指/冬77

Senecio cineraria 银叶菊/夏164

Senna alata 翅荚决明/夏72

Senna bicapsularis 双荚黄槐/秋51

Senna siamea 铁刀木/秋15

Senna surattensis 黄槐/秋16

Sesbania grandiflora 大花田菁/秋17

Setcreasea purpurea 紫锦草/夏161

Sinningia speciosa 大岩桐/夏169

Sloanea sinensis 猴欢喜/秋10

Smitinandia micrantha 盖喉兰/春266

Solandra nitida 金杯藤/春173

Solanum seaforthianum 南青杞/秋99

Solanum wrightii 大花茄/春92

Spathiphyllum kochii 白掌/夏152

Spathodea campanulata 火焰树/春20

Spilanthes paniculata 金钮扣/夏165

Spiraea japonica 粉花绣线菊/夏89

Sprekelia formosissima 燕子水仙/春183

Stapelia grandiflora 大花犀角/秋107

Sterculia foetida 掌叶苹婆/春94

Sterculia lanceolata 假苹婆/春95

Sterculia monosperma 苹婆/春96

Stereochilus dalatensis 坚唇兰/春267

Strelitzia nicolai 大鹤望兰/夏191

Strelitzia reginae 鹤望兰/冬98

Strobilanthes cusia 板蓝/冬61

Stromanthe sanguinea 红背竹芋/春212

Strongylodon macrobotrys 绿玉藤/冬53

Strophanthus divaricatus 羊角拗/春102

Suregada glomerulata 白树/春36

Syngonium podophyllum 合果芋/夏116

Syzygium cumini 乌墨/冬11

Syzygium jambos 蒲桃/春69

Syzygium latilimbum 阔叶蒲桃/春70

Syzygium samarangense 洋蒲桃/春71

Tabebuia chrysantha 黄花风铃木/春21

Tabernaemontana divaricata 狗牙花/夏61

Tagetes erecta 万寿菊/秋128

Tagetes patula 孔雀草/秋129

Talauma hodgsoni 盖裂木/春62

Tarenaya hassleriana 醉蝶花/秋113

Tecoma stans 黄钟花/夏11

Tecomaria capensis 硬骨凌霄/秋84

Telosma cordata 夜来香/夏120

Tephrosia candida 白灰毛豆/秋141

Ternstroemia gymnanthera 厚皮香/夏55

Tetrastigma planicaule 扁担藤/春177

Thalia dealbata 水竹芋/夏235

Thalia geniculata 红鞘水竹芋/夏236

Thevetia peruviana 'Aurantiaca'
红酒杯花/夏6

Thevetia peruviana 黄花夹竹桃/夏6

Thryallis gracilis 金英/秋61

Thunbergia alata 黑眼花/夏106

Thunbergia erecta 直立山牵牛/秋34

Thunbergia grandiflora 山牵牛/夏107

Thunbergia laurifolia 樟叶山牵牛/春143

Thunbergia mysorensis 黄花老鸦嘴/冬50

Tibouchina aspera var. *asperrima*
银毛野牡丹/夏81

Tibouchina granulosa 角茎野牡丹/冬34

Tibouchina semidecandra 巴西野牡丹/秋63

Tillandsia spp. 空气凤梨/春190

Tillandsia usneoides 松萝凤梨/夏222

Tithonia diversifolia 肿柄菊/秋130

Torenia fournieri 夏堇/秋160

Trachelospermum jasminoides 络石/春149

Tradescantia sillamontana 白雪姬/秋115

Trichosanthes dunniana 糙点栝楼/夏132

Tristellateia australasiae 星果藤/秋96

Tropaeolum majus 旱金莲/秋100

Tulipa gesneriana 郁金香/春211

Turnera ulmifolia 黄时钟花/春271

Urechites luteus 金香藤/夏114

Utricularia aurea 黄花狸藻/秋169

Uvaria grandiflora 大花紫玉盘/春146

Uvaria macrophylla 紫玉盘/春101

Vanda cristata 叉唇万代兰/夏212

Vanda subconcolor 纯色万代兰/冬115

Vandopsis undulata 白花拟万代兰/夏213

Vanilla planifolia 香荚兰/春167

Vatica mangachapoi 青梅/夏17

Vernicia montana 木油桐/春37

Vernonia volkameriifolia 大叶斑鸠菊/秋8

Viburnum odoratissimum 珊瑚树/夏67

Victoria amazonica 亚马逊王莲/夏240

Victoria cruziana 克鲁兹王莲/夏241

Vinca major 'Variegata' 花叶蔓长春花/春150

Viola cornuta 香堇菜 /冬119

Viola tricolor 三色堇/秋161

Vitex trifolia var. *simplicifolia*
　单叶蔓荆/夏104

Vriesea carinata 莺歌凤梨/夏223

Wedelia trilobata 南美蟛蜞菊/秋93

Wisteria sinensis 紫藤 /春164

Woodfordia fruticosa 虾仔花/春113

Woonyoungia septentrionalis 焕镛木/夏41

Wrightia laevis 蓝树 /春16

Xanthorrhoea australis 黑仔树/冬120

Xanthostemon chrysanthus 金蒲桃/秋23

Xanthostemon verticillatus 'Cream Dancer'
　舞女蒲桃/秋72

Xanthostemon youngii 年青蒲桃/春124

Yucca gloriosa 凤尾兰/秋35

Yucca rostrata 鸟喙丝兰 /春12

Yulania denudata 玉兰/冬8

Yulania soulangeana 二乔木兰/冬9

Yulania stellata 星花木兰/冬31

Zamia furfuracea 南美苏铁/夏105

Zamioculcas zamiifolia 金钱树/冬70

Zantedeschia aethiopica 马蹄莲/冬71

Zantedeschia hybrida 彩色马蹄莲/冬72

Zehneria japonica 老鼠拉冬瓜/春158

Zephyranthes candida 葱兰/秋105

Zephyranthes carinata 韭兰 /夏149

Zephyranthes citrine 黄花葱兰/夏150

Zephyranthes rosea 小韭兰/夏151

Zingiber zerumbet 红球姜/夏230

Zinnia elegans 百日草/秋131

Zygocactus truncatus 蟹爪兰/冬78

图书在版编目（CIP）数据

岭南冬季花木 / 朱根发，徐晔春，操君喜编著. —
北京：中国农业出版社，2014.6
（四季花城）
ISBN 978-7-109-18778-8

Ⅰ. ①岭…　Ⅱ. ①朱…　②徐…　③操…　Ⅲ. ①花卉–
介绍–广东省　Ⅳ. ①S68

中国版本图书馆CIP数据核字（2014）第001855号

中国农业出版社出版
（北京市朝阳区麦子店街18号楼）
（邮政编码 100125）
责任编辑　石飞华

中国农业出版社印刷厂印刷　　新华书店北京发行所发行
2014年6月第1版　　2014年6月北京第1次印刷

开本：880mm×1230mm　1/32　印张：4.875
字数：200千字
定价：35.00元
（凡本版图书出现印刷、装订错误，请向出版社发行部调换）